人生演算法

跨越家世智商命運限制，實現富足自由理想生活

一輩子必修的20堂關鍵字課

■……連啓佑 著

目次

CONTENTS

商業篇

人生篇

自序

人生何處不優化

人為了不同的目的而寫作。

那，寫作對於我自己，又存在什麼樣的目的性呢？

對我而言，寫作是為了要與這世界溝通；同時在溝通的過程中，還能夠繼續保有自己。

我深深覺得，我們工作努力了大半生，所追求的事情很多，但其中有一件事情是很重要，我們卻多半沒有空停下來細想的。

那就是我們如何選擇自己與這世界對話的方式。

我的臉書好友老早就破五千人了，逼得我只能每隔一陣子就刪除一些好友，很多人都建議我乾脆成立個人粉絲專頁，為了這件事，我考慮了很久、很久、很久……

或許經營臉書專頁，打造個人品牌，我會獲得更高的知名度，擁有更大的影響力，甚至，賺到更多錢。但我始終還是不能下定決心，應該說，我還沒有辦法想像，像我這樣，只想平凡、自由、安靜地活著，和世界保持一點安全距離的人，該如何透過粉絲專頁與世界對話。

所以粉絲專頁這件事，就一直處於還在想的階段，而且說到底，可能也沒有多少人真的在乎這個，我又何必想太多呢！

雖然我對於打造個人知名度一點興趣也沒有，但我一直以來的夢想，就是寫寫東西，給願意看的人看到，我們甚至不用說上什麼話，如果我的文字，能夠給你一點啟發、一點感動，那就夠了。

這是我選擇的，與世界對話的方式，至少到目前為止是這樣。

談完與世界對話的方式，回來談談寫作本身，有些朋友發現我似乎能寫點東西，對此感到意外，其實我一直能寫，對於寫作，我多少還是有一點自信的。

年輕的時候，曾經有很長很長一段時間，寫作對我而言，是很快樂的一件事。學校老師隨便出個題目，我都可以筆隨意走，任憑思緒馳騁，洋洋灑灑寫上大半本作文簿。對於年少而孤獨的我而言，寫作，是我與週遭的世界對話、甚至是對抗的方式，而且可能是唯一的方式。

從小到大，身邊有許多師長，期待我走上寫作這條路，甚至就連大一的時候，去中文系上共同科目國文課，中文系的老師也這麼跟我說：

「我很期待你成為作家」

「因為你是個心思很敏感的人」他說。

很遺憾的是，正因為心思敏感，我始終沒有走上寫作這條路。

對於我而言，寫作可以讓旁人為我擊節讚嘆，但我本身卻一直未能找到與寫作共存的生活方式，真正的困難從來不是書寫，而在於對應你的書寫，你要以什麼樣的姿態活著。

成功的寫作，往往是孤獨、任性而寂寞的，至少對我而言是這樣。

「孤獨是你一生的命題」，很久以前，有個很好、很好的朋友，曾經這麼告訴我。

「你是好人」，他又說：「但是你不好相處。」

我已經很多年沒有見到這個朋友，或許，今生都不會再見。

似乎在年輕時，把該寫的都寫完了。進入職場後，我寫的東西意外的少，我內心深處知道，自己應該還是可以寫點東西的，但究竟是在糾結什麼，老實說，我也說不上什麼原因。

前幾年，去唸EMBA，在一個很特別的場合，因為一個毫不相干的話題，有一位同學突然跟我說，他喜歡看我寫的文章。

「請繼續文青，不要只是一直 SEO。」他說。

誠如前面所述的，從小到大，有不只一位師長跟我說過，期待我將來成為作家；很遺憾我後來沒有按照他們所期待的路走，但內心書寫的渴望始終都在，或許已經到了無節操的年紀了吧！我這兩年，又慢慢開始寫起了一些文章，我喜歡這樣偶爾寫寫東西，不為成名，背後也沒有太多功利的目的，我只是試著在字裡行間，爬梳自己雜亂的心緒，澆灌自己乾枯的心靈，找尋一點點的反思和覺醒，還有一絲絲自我的救贖。

我的文章，不是什麼風雨名山的大作，甚至連小橋流水人家都遠遠稱不上，說穿了就是些隨筆式、雜感式的塗鴉。其中有大半，是我早上搭火車北上，在火車上半睡半醒間完成的，我把這些文字張貼在臉書上，也不太在乎有沒有人真的去看，反正重點是我把想說的話說了，喜不喜歡由你，從頭到尾，我對於我寫的文字，就是抱持這種橫眉冷對千夫指的態度。雖然如此，還是偶爾會收到一些朋友不錯的反饋，朋友會跟我說他讀到了我哪篇文章，受到了哪些觸動等等。聽到他們那麼說，我還是很開心的，這至少說明對這個世界還是可以帶來一些影響和貢獻的，我，不是一無是處。

年少時成為作家的夢對我而言已經非常遙遠了，但有什麼關係呢？反正開心就好。

非常感謝有出版社願意出版這些文字，雖然說為了實用性和市場性，他們希望在文章呈現上能明確地給讀者一些提示和建議，我完全能理解他們的好意，不過老實說，對於這樣做，我是有些為難的，我寫這些文字，初衷只是想作個人內心的抒發，尋求一些共鳴和感動，背後其實並不帶有什麼經世濟民的目的。對於這次為了出版文字上所作的更動和調整，如果有讀者不適應我突然這樣正經八百地說事，敬請原諒，人生要能做到任性而為幾乎是不可能的，我們總是會有些折衷和妥協，只希望

在來回反覆中，我們彼此別忘了初衷。

這本書的書名叫《人生演算法》，演算法是 SEO 很重要的一部分，而 SEO 是一種基於關鍵字搜尋的行銷方式，有人把它叫作「搜尋引擎最佳化」，或「搜尋引擎優化」，我會做這個，也開了一家做這個的公司，所以出版社跟我討論到這件事，我們談到既然這麼會幫別人優化網站，何不談談如何優化自己的人生？

所以有了這本書。

作為一個以優化為職業的人，我相信幾件事：

凡是可以稱之為系統的，皆可優化。

優化是一個持續演進的過程，是否有終點？不知道，但肯定很遠。

就因為資源有限，外在條件有諸多限制，我們才需要優化，如果我們真有無限的資源，不要說優化，就連太空梭都可以做。

優化不是只有唯一的一種方法，就像我們人生不只一條路一樣，即便沒有走在秀才路上，或者一時迷失了方向，只要堅持每天努力，這樣的人生還是會有一番作為的。

這本書講的不是什麼成功人物的故事。故事的主人翁，我本人，既不聰明睿智，也不高瞻遠矚，更非什麼道德典範。我的人生，一路走來，吃的虧、上的當、犯的錯，遠比我做對的事情多得多。只是儘管我大半的人生過得十分不堪，但我始終相信我的人生是可以優化的，在我歷經挫折摸索前進的過程中，我不斷的優化自己的人生，然後有了一點點自己的心得。而這個優化的過程仍然在持續中，現在，我想透過這本書，把我在過程中的一些感悟分享給你，因為我相信，和我一樣，你的人生也是可以優化的。

這本書，分成五個部分：

一、成長篇

寫我大學時代、入伍當兵、以及職場生涯前期的一些故事。

二、創業篇

寫我創業前幾年的職場歷練，以及創業初期的過程與心境。

三、經營篇

寫我創業經營公司這幾年的體悟。

四、商業篇

寫我這幾年擔任企業轉型顧問所接觸的幾家企業，他們的故事，還有我的感觸。

五、人生篇

寫我自己、和我的朋友的幾則人生故事。

每一篇裡都收錄了幾篇文章，每一篇都有一個代表的關鍵字，這些關鍵字是我個人想表達的，優化人生的關鍵字，全書的結構有些鬆散，文章則是我在不同時期、不同場合、基於不同的原因寫下來的，有些文章甚至年代隔得有點久，文字的風格、對事物的觀點不見得一致，唯一的共通點可能就只是跟上述的篇名主旨相關，先天條件既已如此不足，然後還要加上後天失調，應出版社要求勉強擠出一些道德教訓，結果就是把這些篇章整體用寫實主義的觀點來看，恐怕是慘不忍睹，建議還是當成印象派的畫作吧！

春城無處不飛花，人生何處不優化，共勉之。

成長篇

lesson 1

第一課

“青春

“youth

雷電與來電

「活著是為了說故事。」馬奎斯說。

從小，我別的不會，倒是挺會說故事的。小學時，經常，班上自習時間沒有事情可做，老師就會叫我上台說故事給同學聽。這些故事，有的是故事書上看來的，更多的是臨場編的，我往往都能說得活靈活現，讓台下的同學聽得如癡如醉。

一直到今天，我都還不知道當初老師是怎麼看出我有這方面的天分的。我想，我這樣的人，回到古代，大概就是天橋下說書的吧！

還有寫作，寫作也是我少數有自信的事情之一。從小，我的文章就寫得很不錯，經常得到老師、同學們的讚賞，高中、大學的時候，都有老師很認真的跟我說過，期待看到我成為作家。

因為……所以，中間省略數十萬字，反正最終很可惜，我沒有實現他們的期待。我讀完書、當完兵後跑去上班，成為一個平凡的上班族。職場上來來去去混了幾年以後，開了間小公司，做的是冷門生意，公司經營不上不下，純粹就是混口飯吃，「苟全性命於亂世，不求聞達於諸侯。」很長一段時間，我內心深處，對這些當初對我抱著期望的師長們感到深深的虧欠，很抱歉沒有活出他們的期待。後來年紀大了，變得比較沒有羞恥心了，就告訴自己別在意這些小情小愛了；真的，人要為自己活都已經夠辛苦了，如果還要別人而活的話，實在是太累了。

所以還是算了。

不過說故事、寫東西的專長畢竟就在那裡，雖然寶刀塵封已久，充滿鏽蝕，重新拿出來，蘸點水，就著磨刀石用力打磨幾下，做做樣子揮舞起來，還是挺嚇人的。當然臨陣殺敵的威力是絕對沒有的，說到底，就是浮誇好看，純粹視覺系而已。

我大概就只能寫出這樣的東西、說出這樣的故事了。讀者諸君們，別要求太高啊！要知道，我畢竟不是張大春、王文華、吳若權這些名聲響叮噹的作家，我只是個做 SEO 的，或者說，我只是自稱被 SEO 耽誤的作家。

所以，請鞭小力點。

相信世界真的有奇蹟存在

還是回來說故事吧！

很多人認識我，是因為我在做一種叫做 SEO 的服務，作為這本書的第一篇文章，我想先跟你分享一個關於 SEO 的故事。

放心，不是要談如何做 SEO，不是那麼無聊的東西。

有一年，有個大型財團法人，透過業界朋友推薦找上我，請我去他們單位演講，介紹 SEO。由於這個財團法人主要是在協助台灣企業做外銷推廣，SEO 對他們很有幫助，我很快就答應了。

我想像的場景，就是在一間小會議裡，對著投影片，跟幾個承辦人員介紹什麼是 SEO，然後簡單回答幾個問題，回答完走人，大概是這樣的情形。

演講的那天，我到約定的地點，一看傻了，電扶梯上方，二樓天花板，懸掛著大大的液晶螢幕，上頭打上「熱烈歡迎」的字樣，會場黑壓壓滿滿是人，相關單位的主管幾乎都到了，演講開始前，長官還特別致詞介紹，強調這場演講很重要，請大家要好好學習吸收。

我演講結束後，一大堆人，包括幾個主管，特別跑來跟我互動，其中一個主管特別跟我說，他們之前請了很多人到他們單位，跟他們介紹SEO，但他們都聽不懂，這次我來演講，他們終於聽懂了。

很有趣的經驗，跟這個單位的人交流了一些心得後，我這段奇妙的旅程，畫上了愉快的句點。我沒有想太多，回家以後，很快地就忘了這件事。

兩個禮拜後，我接到了一通電話，是那個單位打來的，打來的那位先生，我們就叫他史蒂芬吧！他跟我說，非常謝謝前陣子我去他們單位演講，他們內部反應很好，剛好他手上有一個 SEO 的標案，快結案了，想請我到他們單位，幫他們看看這個標案執行的情況，順便給點意見。

雖然沒有酬勞，但我想，如果能幫他們單位一些忙，也是挺好的，所以我就去了。

等我去了他們單位，看了他們單位標案的規格和執行狀況，我整個人差點沒昏過去；簡單講，就是用很高的價格，執行很少的工作，然後驗收的 KPI 門檻很低。

最重要的，是沒有任何實質效果。

說穿了，就是欺負人家不懂。

剛好他們新年度的標案要開始，史蒂芬正在寫招標文件，我一一跟史蒂芬和他們幾位同事說明現行標案問題所在，以及往後的標案怎麼樣規劃對他們才有實質幫助。他們感到很震驚，但是當下非常認真地把我跟他們表達的意見記錄下來。史蒂芬跟我說，他和幾位同事，會好好研究評估我給的意見。

我覺得自己有幫上他們忙，感覺挺不錯的，我想這件事應該告一段落了；沒想到，過了兩個禮拜後，電話又來了。

「不好意思，我還是有幾個問題，想跟您當面請教。」史蒂芬在電話那頭客氣地說。

站在功利的角度，其實我大可婉拒的，不過我想，既然要幫忙人家，那就好好幫到底吧！所以，最後我還是去了。

見到史蒂芬，史蒂芬當面跟我問了一些問題，我回答的差不多的時候，史蒂芬突然話鋒一轉：「連老師，您要不要來參加我們的標案？」

「哈哈，非常感謝您啦！但恐怕不行，我們小公司，恐怕連資格審查都過不去。」我說。

我真不是講客套話，當時我才創業不久，無論是公司的規模、資歷，都離投標門檻有一段距離，我當初純粹只是想義務幫忙，沒有一絲一毫要爭取案子的想法。

「沒關係，連老師，投標資格的部分，我會跟長官溝通，您就回去

準備。」史蒂芬說。

後來招標公告出來了，門檻放寬了，我們公司可以參加標案。

那是我第一次參加標案，提案審查那天，之前承作案子的那家廠商也來了，我們不論是在書面的準備，或是臨場的簡報，表現都不如對方，最終對方還是拿到了案子。

在審查辦公室外面等待，得知沒有得標的那一刻，我帶著幾個同事，彷彿如同一群喪家之犬一般，慢慢走到附近餐廳吃中飯。在餐廳坐下來，我看手機上有未接來電，看號碼是該單位，應該是史蒂芬打的，我想了一想，先主動寫了一封信給史蒂芬和他的長官，謝謝他們願意讓我們參加標案。我告訴他們，雖然沒有接到案子，但在過程中，我們學到了很多，也非常感激他們願意給我們這樣的機會。

吃完飯不久，史蒂芬電話來了。

「真的很可惜呢！」史蒂芬說。

史蒂芬跟我提點了一些標案簡報的要領，讓我以後如果參加標案，可以留意改進，我在電話中謝謝他，總之非常感謝他們的善意，讓我們在彼此的互動中收穫了許多。

「這件事情應該真的結束了吧！」我想。

兩個禮拜後，電話又來了。

「因為得標廠商放棄資格，請您們來我們單位開個會，我們要徵詢您們有無意願遞補。」史蒂芬說。

簡直不可思議。

後來，我了解了一下，原來那家廠商，又想發揮以前無賴的功力，先拿到標案再說，然後再想盡各種方法降低驗收門檻。沒想到這次史蒂芬再也不讓步了，因為他已經知道，怎麼樣才是對他們單位有保障的，結果該廠商眼看無旁門左道可鑽，最後乾脆放棄承作。

聽說史蒂芬在過程中承受了很大的壓力，因為他們單位從來沒有得標廠商後來又棄標的先例，但最後他挺過來了。

我們以遞補的方式，拿到公司歷史上第一個標案。

「連老師，這次真的要麻煩您好好幫我們單位了。」史蒂芬說。

我沒有失他的禮，後來專案用極佳的績效驗收，口碑相傳之下，我們後來又跟該單位合作了幾個案子。一直到今天，我們公司比較少承接標案了，該單位還是記得我們，經常找我們去幫他們上課、提供意見，甚至徵詢我們要不要再參加標案。

因為這次奇妙的經驗，我對於公家單位（或者說半公家單位）印象完全改觀。我發現到，其實到哪裡，總有認真做事，想改變、想突破現狀的人。然後，更重要的是，我的人生中，一直相信的事情，又再次得到了印證，那就是只要你秉持善念，心懷感恩，一路堅持不懈，這個世界是真的存在奇蹟的。

做一個敢與眾不同的自己

接著講幾個我高中、大學時代發生的故事。

先說說有關「雷電」的故事。

「雷電」是遊樂場大型電玩的遊戲，可單人、也可雙人玩。遊戲者開著戰機，躲過槍林彈雨，摧毀敵方戰艦、坦克，以及各項軍事設施。你在 Youtube 上可以找得到這遊戲的影片。

我有個大學同學，很會打「雷電」這遊戲。

聽他自己說，以前他在重考班補習時，曾經跟他的一個死黨，兩個人在遊樂場玩「雷電」，打到破關一輪，還繼續打，打到最後，他們身後站了滿滿的人，看他們倆表演。

「哇，真酷。」我想。

有一次，我們一票人晚餐後瞎起鬨，想親眼瞧瞧玩「雷電」後面站一群人圍觀的盛況，我們真的跑去遊樂場，由我這位同學和我另外一位也會玩「雷電」的同學搭檔，當場開台起來。

圍觀的人越來越多。

可能是太久沒玩，也可能是因為搭檔不同，我這兩位同學最後沒有破關，但真的很厲害就是了。我不是當事人，僅僅是在內圈，參與、目睹整個過程，我都覺得很酷，好像是整個人要燃燒起來一樣。

多年後，偶爾還是會回想起這件事。我想，這就是青春，而青春是不可逆的。因為青春，我們可能幼稚、不成熟，我們可能處事不圓融，我們可能到處充滿斧鑿拙劣的痕跡；但也正因為青春，我們可以被理想感動，可以因為自己做出一點小小的成績受到讚美認同，就彷彿吃了無敵星星一樣覺得自己無所不能，我們倨傲張狂，缺乏協調性，難以管教，無法駕馭，但卻也充滿無限可能。

我們終將長大，收起自傲，磨去稜角，拔光身上的刺。如果你還年輕，不要忘記青春就是你的本錢；而如果你已不再年輕，也請不要忘記年輕時，那個充滿著理想，容易被一點小事感動的自己。

這幾年，我因為工作的關係，接觸了百工百業的人，我個人很深的感觸是，這個國家，從不缺功成名就、有財富、有身份地位的人，這個國家，缺的是青春。

暮氣沉沉，這個國家不會有希望。

所謂的正確其實只是個騙局

再來說另一個故事。

我高中、大學時代，電視有個男女聯誼節目，叫「來電五十」。這節目當年很紅，節目的口號「來不來電？來電！」當年紅遍大街小巷。

節目的設定，就是讓一堆男男女女參加戶外活動，認識彼此。節目主持人還會在過程中偷偷訪問參加的來賓對誰有好感，以為後續的發展鋪陳氣氛。

然後高潮戲就是告白的「觸電時間」。畢竟那是個男追女的時代，通常是由男生主動出擊，像孔雀開屏一樣花招百出，有的唱歌、有的跳舞、有的擺Pose裝酷、有的朗讀噁心程度讓旁邊聽的人都想鑽進土裡的情詩，只求心儀的女生青睞。看倌以為這事情就是女生要或不要這麼簡單嗎？別忘了還有競爭者，節目的橋段是競爭者會高喊一聲「等一下」，然後衝出人群，加入競爭行列，有時候某個女生行情很好，同時會有好幾個競爭者，我們看電視喊燒的人都替當事人緊張起來。

青春啊！現在怎麼都沒有這麼好看的節目了呢？

後來，才發現節目裡面配對成功的，很多都是原本就是情侶還跑去參加的，我一直無法理解這是什麼樣的動機，曬恩愛嗎？反正一切都是套路。

大學時班上也有同學找我去參加，不過當時由於我專心致力於學術上的研究，所以拒絕了。這是我人生最後悔的事情之一。

倒是高中時，坐我旁邊的同學，他的外號叫「智障」，這外號不好聽，但其來有自，就是他經常會有一些莫名其妙的舉動。有一回，智障跟隔壁班的幾個愛玩的同學跑去參加「來電五十」，全班都不知道這件事，等到電視上播出來，這件事在班上炸開了，成為最熱門的話題。大夥兒羨慕、嫉妒、恨，抓著智障拷問每一個細節，連數學老師上課時也問他為什麼跑去參加「來電五十」？

只見智障一派氣定神閒，「爽啊！」他回答。

多年後回想起來，其實「來電五十」真正好看的地方，不是有情人終成眷屬，而是男生想盡各種方式告白，然後被女生低着頭說對不起的那一瞬間。這讓吃不到葡萄的我們，有一種「別人的失敗就是我的快樂」的病態快感，像我就永遠記得我們家智障，深情地唱起周治平的《夢不到你》跟女生告白，最後果然夢不到你，被女生說了對不起。那一幕，如今回想起來，是多麼令人充實而欣慰。

「來電五十」教我的是，在戀愛的遊戲中，有條件、有選擇的機會，到最後還是選擇說對不起的女生，其實不是輸家，真正的輸家，是那一些想告白、急著告白，用各種各樣稀奇古怪的方式告白，機關算盡，到最後卻依然不到女生青睞的智障；還有在旁邊看好戲，卻始終沒有勇氣下去跟人家玩的我們；還有還有，就是已經被其實不怎麼樣的男生選了，卻真心以為自己條件真的很好的那種女生。

「來不來電？來電！」

勇敢就是安好的活著

講完了兩個歡樂的故事，接下來講另外兩個比較沉重一點的。

寫作，往往是因為寂寞，而盛世的寂寞，往往比亂世的寂寞，更加蒼涼。

大學時，我很少去上課（現在想想當時能混畢業也算另類奇蹟），成天躲在宿舍寢室裡上網、打BBS，在貼文、找網友聊天抬槓中度過我蒼白的二十歲。唯一稱得上收穫的是，當時結交了不少網友，雖然現在已經都沒聯絡了，但我時常想起那些人、那些事。

在眾多的網友中，有一位來自台大心理系的女同性戀者，他大剌剌地在暱稱上寫著「蕾絲邊」，並在簽名檔明白講自己是同性戀者，「沒事別煩我」語氣很剌。

會和他成為網友也是由於我不信邪，「你是同性戀又怎樣，難道同性戀都不能交朋友的嗎？」我心裡這樣想著。在經歷過一陣子基於自我防衛的不友善互動，以及同學的異樣眼光後，我和這位女同性戀朋友漸漸混熟了，我們談彼此看的書、生活、交友狀況，以及彼此的夢想和絕望。

他說，他的愛人告訴他，他們現在所處的時空環境，不是永久不變的；終究，時空環境會改變，他們必須面對新的生活，而屬於當下，彼此的關係，也勢必會走向終結。

愛人的話很真實，但他不能接受。

我知悉、感受、了解（至少是某種我自以為是的程度）他的痛苦，但我卻什麼都不能做，我甚至連他的真實姓名都不知道。我只能目睹一切發生（其實也沒有真的目睹到），然後無能為力。

來自他的消息愈來愈少，最後一次跟他聊天，是一個很深沉的夏夜，他談到結束自己生命。我勸他，但顯然沒有成功，事後回想，我勸說他的言語，恐怕連自己都說服不了。在那個年紀，死亡對我而言，僅止於書本上的理解，從來不是個貼近而鮮明的形象，作為生的對立，存在於我們的居處和呼吸之間。

然後，自此之後，我再也沒有他的消息。我甚至連最後的對話也不記得了。記憶，就是這麼不可靠的東西，你明明知道有個模糊的光影在那邊，但你卻再怎麼用力睜大雙眼也看不清楚它的輪廓，你必須不斷用力敲打腦袋，像避免在暴風雪中睡去似地提醒自己還保留著什麼，丟失的部份，你拿寂寞與它交換。

後來，傳來某位台大心理系畢業的女同志作家在巴黎自殺身亡的消息。

「人生何其美，但得不到也永久得不到，那樣的荒涼是更需要強悍

的。」日記最後一句話，作家這麼寫著。

二十幾年來，我把這件事深埋心底，也極少跟身邊的人提到這件事。幾次重讀作家書寫的文字，猜測他是否就是我那位從未謀面、不知所終的網友；後來，我停止了這無謂的猜測。作為人際關係的連結，他確確實實是死去了，而作為記憶的節點，他卻又如此鮮明的活著。我的發現是，死與生，關鍵不在肉體的消亡，而在於你是否能在別人心中保留一點點記憶的位置。

就像光與影一樣，美好的人世間，同時也存在許多令人不忍卒睹、令人感到痛心絕望的事，活著往往是很痛苦的一件事，但我們依然要勇敢地活著。

我只希望，我的老朋友，能在一個比較友善的時空環境中，在今天，依然安好的活著。

「你若安好，便是晴天。」

你的善良是可以傷害別人的

最後一個故事，是我大哥的故事。

我大哥，是個滿不學無術的人。

高中時，我跟大哥睡同一個房間，每天晚上就寢前，兩人聊天嗑牙，天南地北無所不談，有時候也會為了一些事情爭得面紅耳赤。總之當時年輕，誰也不服誰，怎樣都覺得自己是對的，說什麼都想把對方駁倒，現在回想起來，當時有很多自以為是的想法，其實是非常可笑的。

印象中，大哥沒有告訴過我什麼太深刻的道理，我最難忘的，反而是他跟我講的一個發生在他自身身上的故事。

那一年，大哥在北部當兵，放假時到電影院看電影，電影院有一個小女孩，胸前懸掛著塑膠盒子，上面擺著口香糖，四處找客人兜售，小女孩走到我大哥面前，問我大哥要不要買口香糖？我大哥其實不愛吃口香糖，他拿出了一張百元鈔票，遞到小女孩面前，跟小女孩說：「我不要吃口香糖，不過這錢給你。」

大哥其實是好意，他只是單純地想幫助小女孩而已。

沒想到小女孩拒絕拿大哥的錢，「我是在賣口香糖，不是在跟你討錢。」小女孩說。

大哥非常的難過，一直到很久很久以後，他都無法忘記這件事。

我們從小到大，總是被教導著要善良，但是你知道嗎？善良是多麼不容易的一件事。

我們總以為抱持善意，努力對別人好，就是善良，我們不知道的是，善良其實是可以被誤解的，善良其實是可以傷害別人的。

善良，是需要學習的。人生真的是件不容易的事，我們在成長的過程中，要不斷地提醒自己不忘初心，始終堅持做一個善良的人，卻要同時不斷調整自己的待人處事，學習怎樣當一個善良的人。

你光是善良還不夠，你還要學習優雅地實現你的善良。

在這篇文章，我接連跟你分享了五個故事，我想談的主題，其實是「青春」。

有一首歌，叫「小幸運」，原唱是田馥甄，裡頭有這麼兩句歌詞：「青春是段跌跌撞撞的旅行，擁有後知後覺的權利。」

我深深覺得，一個人青春時代的經歷，對他的往後的人生會產生很重大的影響。

在這篇文章，我講述的幾個故事之中，除了我前幾年和某個單位互動的那個，其它幾個故事，包括大學時和同學玩雷電、來電五十這個電視節目、我大學時 BBS 的網友，還有我大哥跟我說的經歷，都是發生在我很年輕的時候，在回憶起這些看似無關的故事時，我發現到，我的青春歲月，雖然生澀、不成熟，有過許多浪擲虛度，也犯過許多大大小小的錯，但似乎最終，總還是有一些東西留存了下來。那些東西，你年輕時難以描述、無法言喻，它們可能早已蒙上厚厚的塵埃，被遺忘在記憶深處的角落，但它們始終都在。

那些東西包括：

單純美好的赤子之心

對生命的熱愛

對人的溫度

還有更多無以名狀的，我很難用言語表達，但確信是極其美好的事物。

而也正是這些青春時代的經驗造就的人格與價值觀，一路支持我走過人生的各種低谷，帶領我度過各種生命的痛苦與磨難；可以說，如果沒有青春時代的種種記憶，我的待人處事不會是現在這樣，我可能不是現在的我。

我們的青春歲月，在我們的人生裡，往往占有一個特別的位置；也正因為如此，作為這本書的第一篇文章，我願意用更多的篇幅來描述我青春歲月的點點滴滴。雖然紙短情長，我能描述的，遠遠不及我想表達的。陶淵明說：「此中有真意，欲辯已忘言。」洵為真言。

致青春。

課後練習

青春歲月是人生最美好的一段時光，它雖然生澀、不成熟，但也存在最多可能性，我們要時常回想青春，懷念青春，但我們不必對青春的逝去感到傷感，不用對青春的輕狂無知感到悔恨，反之我們要把青春當作是人生的養分，用當時的經歷成就更美好的自己。

青春儘管跌跌撞撞，青春儘管後知後覺，但青春始終都在，我們終將老去，我們的肉體會逐漸消亡，記憶會逐漸變得模糊，我們的人生都是不可逆的，但且慢對生命的蒼涼感到傷懷，你要知道，你擁有你人生最寶貴的資產，那資產不是別的，就是你的青春。

lesson 2 第二課

“負責”

accountability

有事我負責
問題是你負得了責嗎

對於「責任」這件事，我有一些滿特別的想法。

就容我跟你分享幾個我親身經歷的，關於負責；或者是說，關於負不了責的故事。

就按照時間順序來講吧！

首先，是我國中的時候。

我唸國中的時候，我們學校會發一張藍色的生活評量卡，小小的，放在胸前口袋，老師針對同學日常的表現即時加減分。比方說，幫忙打掃，加一分；上課吵鬧，扣一分。諸如此類的。

其實也不知道加減分最後的結果，會發生什麼事，反正因為有這樣的評分機制，所以大家都很在乎。

現在不知道學校還有沒有人這樣做？不過確定的是對岸大陸已經把這樣的做法發揚光大，結合無所不在的監控機制和社會評價系統，徹徹底底的打造了一個生活評量卡大數據版的社會。

但這不是我要談的重點。

對自己的能力和義務負責

國三時，學校利用週末上輔導課，或舉辦模擬考，考試空檔期間，我和幾個同學無處可去，就經常跑到一、二年級的教室溫習功課，準備接下來的考試。

有一天，我們班導師，把我叫到他面前。

「這是你的吧？」他揚起手，手上拿著我的生活評量卡。

我愣了一下，那幾天，我生活評量卡不見了，怎麼都找不到，不知道為什麼會落在班導師手上。

「這是二年 x 班同學打掃發現到，交給他們班導師，他們班導師再轉交給我的。」他接著說。

「他們班教室被弄得亂七八糟，現在人家要找你負責。」他看著我，語氣十分嚴肅，帶著意味深長的表情。

「可是，我只是去看書而已。」我心裡急了，漲紅著臉，為自己辯解。

「我知道，你是什麼樣的人，我很清楚，我相信你。」班導師說，「但問題是你的確進入人家的教室，而人家撿到了你的生活評量卡。」

他把我帶到對方班級導師面前，交談了幾句，對方的導師看著我，態度並不算太嚴厲。「你得負責把我們班上環境恢復原狀，然後我們清點看看有什麼損失，如果有損失的話可能也要請你負責，這樣好嗎？」他說，臉上甚至帶著笑意。

於是我花了一整個下午打掃對方的教室，把對方的教室恢復原狀。

這件事情還有下文，兩天後，對方班上，又有同學來找我，說他們班上少了一支掃把，我們班導師在班上挑了一支掃把，拿給我，讓我賠給他們。

一直到很久很久以後，我長大了，才知道，這叫「當責」。

我們所講的「負責」，是針對自己能力之所在，義務之所在而負責，**KPI** 就是這個概念下的產物。我們要評估一個人是否能把一件事做好，就要賦予他相對應的權限，對一個無法掌控局面的人，要求他 **KPI** 是不合理的。

當責不是這樣，當責是對「結果」負責，對人們投射在你身上的期望負責。單單只論負責，你只要把自己的份內的事情做好就可以；但是如果講當責，你就必須對最終的成敗負責。單單只論負責，你可以對缺乏資源、無法掌控的事情雙手一攤，說這不是你能負責的；但是如果要講當責，你除了必須對你能掌控的事情負責，對於你不能掌控的事情，你也還是要負責。

很多人不能接受這樣的觀念，他們認為，只要盡自己認為應盡的責任就好，為什麼要把自己搞得那麼辛苦？為什麼要去負自己無法負的責任？我覺得人世上很多事情沒有對錯，差別只在價值觀的選擇。無責無任，你當然可以走得瀟灑輕快；但唯有你責任重大，你才能走得遠。「任重道遠」其實是可以用積極意義解釋的。

當責不專屬於領導人，但它是成為一個成功的領導者必要的條件。我們對於領導者，有仰望，更有期待。我們希望他們能夠與我們有所不同，我們希望他們能夠承擔我們所不能承擔的，他們能夠背負我們所不能背負的。

比方說，一個領導者，當他下屬犯錯的時候，我們對他的期望，是認錯、是反省、是處理、是善後，是他們接下來會更有擔當，他們會越來越好。我們要的是這樣的許諾與期待，而不是嬉皮笑臉，漫不在乎的告訴我們，他已經盡了他的責任了。

權責合一事半功倍

接下來的兩個故事，都發生在我服兵役的時候。

大四那年，我考上預官。畢業後到鳳山受了半年預官訓，結訓前抽部隊籤，抽到了馬祖北竿。下部隊沒多久，遇到國軍精實案，因為精實案的關係，很多部隊縮編裁撤，集中在北竿一個叫塘岐兵舍的地方待命，當然也有很多屆退的老兵。

兵舍靠近海邊，排水設施不良，化糞池徒具形式，快滿的時候，要讓阿兵哥在遠處海灘邊挖個大洞，然後把滿滿一大池的大便用水桶裝著，一桶一桶運到海灘邊，倒進洞裡去。隨著潮水起落，讓黃白之物自然流入海裡，站在遠處看阿兵哥在海邊作業，那場面還真是壯觀。

兵舍的最高長官是被解編的步兵營長，姓李，道地的馬祖人，出了名的兇悍和嚴厲，吃飯時一口白飯一口剝皮辣椒。

那天，我當值星排長，兵舍的人要出去構工，營長交代我留守，要我帶著幾個素行不良，部隊根本不想帶出去滋生問題的老兵，一起把那一大池的大便清一清。

問題是我這個剛下部隊沒多久，什麼都不懂的菜鳥排長，根本叫不動那幾個老兵。這幾個老兵隨便攪和了幾下，就說：「排仔！這樣可以了。」

我弱弱地問道：「這樣行嗎？」幾個老兵沒回應。好吧！也只能這樣了。

下午，營長帶著部隊回來，看到化糞池幾乎沒清，當場炸鍋了，把部隊集合起來，在幾百個人面前，把我祖宗十八代從頭到尾問候了一頓。我揹著值星帶，一個人孤單站在部隊面前聽訓，連眼淚都不敢掉。

然後，營長叫剛構工回來的部隊全體幫忙清化糞池，你可以想像，那些才構工一早上回來，連休息都沒辦法休息的弟兄們看我是什麼表情了。大家合力在沙灘上挖了個大坑，一群人排成到海邊長長的人龍，接力把清出來的糞便運往坑裡倒。我揹著紅色值星帶，迷彩服、軍鞋上沾滿了糞便，混在人群中間，一桶一桶的幫忙運送。

多年以後，回想起來，我覺得我當初的錯誤，在於我因為覺得自己是個菜鳥排長，什麼都不懂，所以既不敢，也不願去要求老兵做事，說穿了就是我心裡感到害怕。但我後來體會到，既然最後是我要承擔責任，無論我的能力是否足以勝任工作，無論是否我的領導統御是否到位，我都要學會勇敢地站出來（Stand Out），宣示我才是當家作主的人。我們必須要讓對方知道，**我們的能力或許不足，我們的決策或許有錯，但不好意思，事情是我在負責的，你當然可以表達你的意見，但最終，你必須尊重我做的決定。**

我們對於「權」和「責」的理解，往往是一個人有了權力，就必須負上相對的責任。其實反過來看，一個人如果被賦予責任，他的上級也必須給他權力（甚至權利），他自己當然也必須學會爭取、捍衛自己的權力（利），否則他很難把事情做成功。

說說故事的後續，我在兵舍待了一、兩個月，後來重新分發到北竿橋仔連，守據點。我離開前夕，營長對我印象已經完全改觀，後來我快退伍時，因為外島缺員的緣故，我罕見的被提報掛了副連長，不知道是不是因為義務役掛副連長退伍的關係，我從來沒有被教召過。

順道一提，「徵於色，發於聲，而後喻。」我的成長歷程，遇到了很多嚴厲的長官和老闆，姑且不論這種羞辱式的教育方式是否正確，我想說的是：「如果你能挺過羞辱，不管這些羞辱有沒有道理，你就能成長。」

高估自己可負的責任，將對別人造成傷害

講講第三個故事。

分發到北竿僑仔連後，我在連部待了一陣子，我們連部有個很糟糕的志願役士官，這士官本職學能樣樣不行也就算了，生活、勤務也是狀況不

斷，是連上的頭痛人物。

有一回，這士官從外面帶遊戲機到營區玩，被連長發現，連長怒不可遏，把全連集合起來操練聽訓。

先不討論軍中管教的問題，後續的發展就是，全連，包括我在內，那天晚上，都被整的很慘。

連長後來氣沖沖地離開了，離開前，他特別交代我，讓大家內部發表檢討。

連上的弟兄一個一個出來發表想法，最後輪到當事人，也就是帶遊戲機進營區被逮到的這個士官，他站出來，漫不在乎，非常瀟灑地說：「反正是我犯錯，我負責就是了。」

「負責？」我說，「你能負什麼責？全連的弟兄因為你一個人被操練了一晚上，你覺得你能負什麼責？你負得了責嗎？」

他沉默了。

高估自己可以負的責任，對周遭世界造成的傷害，往往高過於覺得自己不用負責。

因為有這樣的心態，所以當虐待幼兒，被媒體記者詢問時，你可以理直氣壯地回說你想怎樣；因為有這樣的心態，當你消費藝人喪女之痛時，你可以自以為是的覺得你只是在發表評論而已；因為有這樣的心態，你可以在網路上放炮批評，造成別人的困擾和傷害時，自以為是的說「我為自己言論負責」；因為這樣的心態，你可以造成公司的損失，讓公司失去客戶商譽受損，然後說「沒關係我負責」。

事實是，對於你造成的傷害，你根本無法彌補，你根本無法負責，你只是自以為是的覺得你可以對自己言行負起完全的責任，但很可惜你做不到，你太高估自己了。

容我很誠懇地跟你互相提醒：我們都沒有我們自己所認為的那麼偉大，我們對這世界能承擔的責任，遠遠小於我們能造成的傷害。當我們要說什麼話，做什麼事，批評什麼人之前，請先謙卑地想想可能造成的後果。你會發現，很多話，原本不應該說，很多事，原本不應該做，很多傷害，原本不應該發生。

課後練習

「能力越強，責任越大」，我們所背負的責任，往往反映外界對我們的期望，選擇獨善其身，只管好自己的事，固然也是一種生存方式，然而學習「當責」，磨礪「舍我其誰」的態度，卻可以提高我們的境界，放大我們的成就，兩者之間沒有絕對的對與錯，就只是個人的價值選擇。

「權」與「責」是相對的，當我們被賦予責任時，要懂得相對要求權「力」與權「利」，「有功無賞，弄破要賠」是非常讓人為之氣短的。

我們要努力嘗試承擔更多責任，但與此同時，我們也要學習不要過分高估自己可以承擔的責任，若我們錯估可以承擔的責任，自身弄得灰頭土臉事小，怕的是還會連累到別人無辜受罪。

lesson 3

第三課

“自我”

self

你去考也不一定考得上啊

那一年，我服完兵役退伍，開始找工作。

父親希望我去學校當英文老師，他跟我說，他有個老鄉，在家裡附近私立高職當校長，找一天，帶我去拜託一下，看他們學校能不能幫我安排一個教職。

用現在的話講，就是關說。

我其實不太想做這種事，礙於父親的好意，再加上我當時對當老師是有嚮往的，所以最終我還是跟他去了。

那一天，我們去見校長，人見是見到了，但情況完全不是我們預期的那樣。雖然是老鄉，但身份地位懸殊，人家根本不把我們當一回事，表面上客套寒暄了幾句，校長說：「你兒子要應徵老師是吧！那去找我們教學組長談就可以了」。

急著把我們打發走，幾乎連正眼也沒看我們一下。

「是有多了不起呢？」我心裡隱隱感到不舒服，但畢竟是父親帶我來的，不便違背他的好意，我還是跟著他一前一後的去見教學組長。

見到教學組長，組長一樣連正眼都不瞧我們一下（我懷疑這學校教職員的眼睛是不是都有毛病），他說：「要應徵英文老師是吧！那你有沒有教育學分？」

說來慚愧，那時候我才知道，原來當老師要有教育學分。

「如果有機會來這邊教書，我會去考。」我說。

「你去考也不一定考得上啊！」教學組長輕蔑地說。

畢竟我都來了，教學組長最後說：「某月某日，我們教師徵選，你就來吧！」

徵選那一天，跟我一起應徵英文老師的，是一個研究所畢業的男生，考完筆試後，主考官說：「在原地等候口試通知」，然後就先找那個研究所畢業的去面試了。

我在原地等了很久、很久、很久……直到最後，即便天真如我，也終於意識到，他們根本不打算找我面試。

我像喪家之犬回到家。

過了幾天，又有一家私立中學徵選老師。

我去面試了，結果他們問我一樣的問題：「你有教育學分嗎？」

我說沒有，接著他們不耐煩地問了我幾個無關的問題，然後叫我在原地等一下。

我在會客室一直等、一直等……等到最後，我終於意識到，前幾天的事情又重演了。

多年以後，回想起來，我還是覺得這兩間學校很差勁（如果這本書有十刷，我就來公布校名。），如果你們覺得我不適合，或者不夠格，其實大可以挑明了跟我說，不需要用這種放鴿子的方式羞辱人，你們不是教育單位嗎？

我相信被這樣對待的，我不是第一個，也絕對不會是最後一個。

從唱衰到高分上榜的逆轉人生

那一年，是我對教育事業徹底幻滅的一年，去這兩家學校面試的事，大概是開端，後來我花了一整年觀察思考後，決定不跟這些人攪和，不過這是後話，稍後再說。

話說我又當了一次喪家之犬。這一次，我回到家，心裡想著：「這教育學分到底是什麼東西，我要來好好來了解一下。」

上網找了下資料，忽然看到，彰化師範大學有教育學分班考試，就在兩個禮拜後。

就來考考看吧！

我騎著機車，花了一個小時抵達彰師大，繳了報名費，完成報名手續，走出校門口，看到一堆補習班在發考前衝刺的講義，這時候我才慢慢有概念，原來這是滿大型的考試。

反正也是來攪和的，我回到家，打混上網了兩個禮拜，考試那天，我照樣一個人騎著機車，殺到彰師大考試。

一到考場，黑壓壓全是人，真的嚇了我一大跳。

巧合的是，不是冤家不聚頭，那個跟我一起去應徵私立高職英文老師的研究所男生，也跟我一起去考教育學分班，而且考場剛好在我隔壁教室。

考國文、英文兩科，考完了，我覺得該做的也做了，隨後我就把這件事忘了。

半個月後放榜，我錄取了。

錄取率７％。

榜單是照准考證號碼排的，我仔細地看了榜單，我前後一百號，有沒有男生？

沒有。

再見了，研究所學長。

既然錄取了就去讀一下吧！開學報到那天，我遇到大學高我一屆的系上學姐，很巧，他也考進了學分班。我一進教室，他主動跑出來跟我打招呼，寒暄了幾句，學姐突然放低了聲音：「學弟我方便問你，總分幾分？」

「我英文九十……」還沒回答完，學姐瞪大了眼睛：「哇！學弟，你英文這麼高分啊！」

後來我才知道，我不但錄取，而且是非常前面的名次。

這就是教學組長所說的，我不一定考得上的教育學分班。

我的人生與旁人無關

教育學分的事情還有後續，不過，在我繼續講下去之前，且容我插播另一個故事。

我在二〇〇六年北漂工作，北漂第一個工作的老闆，是他們那一代的菁英，建中畢業，考上政大，在美國拿到管理碩士。回台工作，在高科技製造業擔任高管，後來在科技大老金主的支持下創業。雖然當時他創業十年還沒有做出成績，但因為他的一生都是人生勝利組，也造成了他自視甚高，目中無人的個性。

我和他的故事，請參見第十七課《你值得更好》、第十八課《你不快樂，是因為看不見自己的價值》兩篇，在此不再贅述，我在這裡，要講的是另一件事。

有一次，他不知道因為什麼事又把我找去叨念了一頓。剛好那陣子我們公司有一位同事要離職創業，他開始拿那位同事來跟我做比較，說我的人格特質有哪些地方不如那位同事，然後他下了結論：「像他那樣，創業一定會成功的。」

我沉默不語。

十幾年過去，今年，二〇二〇年，我開公司滿十一年，還沒倒；我前老闆拿來跟我比較的那位同事，創業後撐了兩、三年，公司收掉，後來回去上班。

從考教育學分、創業這兩件事，我想跟你分享的是：不要讓別人來幫你評斷你做不做得到。如果你真心相信自己可以，你大可以用具體的成績，去回應外界對你的質疑。你要知道，只有你自己可以為自己的人生負責，也只有你自己必須為自己的人生負責。

你的人生，與旁人無關。

對人生負責就能走出自己的路

回來說教育學分的事。

我大學的死黨淚雄，當時已經在南部某私中教書了，薪水也不錯，寒暑假輔導課多時更是可以海撈一票，聽說我考上教育學分班，電話裡直說：「讚啦！」他覺得班上男同學，就我們兩個算是找到好出路了，言下頗有惺惺相惜之意。

後來我真的有修完教育學分，成績也不錯，分發到不錯的學校實習，就以前苦苓教過書的那間。但全班五十個人，只有我一個人沒有去實習，因為白白浪費了很多人搶破頭的名額，還被彰師大打電話到我家裡罵。

淚雄也很不諒解，明明有一條明確的道路在那，為什麼不去走？他在電話裡講的話也不是很好聽。

當然我知道他是好意，但我為什麼不去實習，其實是有一段不算短的心路歷程。

歸納起來，有三點原因。

第一點，我不能想像自己以後幾十年固定在學校教書的日子，這沒什麼不好，只是不適合，我的個性比較喜歡求新求變，不喜歡一成不變的生活。

第二點，當時的我還很年輕，對於教育這件事還是抱持著比較崇高的理想。「師者，傳道、授業、解惑也」，「授業」也就罷了，「傳道」、「解惑」，我覺得自己都還有很多人生的問題都沒能想清楚了，怎麼給學生建議呢？別人怎麼想我管不著，但我自己委實不能接受什麼都還沒想清楚的自己要去影響別人的人生，我覺得我不配這樣。

第三點，或許也是在我內心深處最重要的一點，在一年教育學分修課的日子裡，我實在是對教育體制裡的一些事情感到厭惡透頂。

或許我本身是偶然考進教育學分班，加上後來也沒有真的多想當老師，所以我本身無可無不可。但是我們那一班，確實是有很多人考了很多年才考上的，對他們而言，能夠順利修完教育學分，完成分發實習，取得正式教師資格，找個學校教書，人生從此步入正軌，這件事比什麼都重要。當你極度害怕失去，尊嚴就不再重要了。我們那班，包括我在內，只有兩位男同學，其他清一色都是女同學，明明講台上教授講的笑話一點都不好笑，底下的女同學們還是要一股勁地陪笑，或者教授偶爾發脾氣刁難某位女同學，女同學也只能忍氣吞聲，不敢有任何違逆。

我知道他們的分數握在教授手上，我也可以理解，當你生殺大權操之在別人時，你可能只能委屈求全，這一切我都可以理解，但看到一堆女同學對教授假笑獻殷勤的光景，我還是覺得噁心憎惡。

最扯的一次，是謝師宴。

為了表達對某位教授的「感謝」，同學「自發」請教授吃謝師宴。你知道的，這一切都是虛偽的、心照不宣的潛規則，那也就罷了，結果那次謝師宴，教授一邊吃飯，還一邊點名看誰沒有到。

請教授吃謝師宴還要讓教授點名，真是夠了！

當然教育界還是有很多春風化雨的故事，我們不能一竿子打翻一條船。就像任何圈子一樣，教育界有光明就有黑暗，有芬芳就有腐臭，只是當時的我真的不知道，假如我遇到惡意滿滿的情況時，我可以怎麼自處？

你沒有辦法改變什麼，但你至少可以選擇不蹚這灘渾水。

所以，經過一年的冷眼旁觀、沉澱思考，最終，我決定放棄教職。

我想跟你分享的是，能夠教書很好，選擇別的行業也不賴，最重要的是，你不一定要照著別人幫你設想的道路走，你可以跳脫規則，你可以走自己的路。至於要選擇什麼樣的路，這就有賴於認清自己，你得好好想清楚自己喜歡做什麼、不喜歡做什麼，擅長做什麼、不擅長做什麼，選擇屬於你的天命，選擇真正適合你做的事，而不是別人覺得高大上，或是認為你該做的事。

還是那句話：**你的人生，你必須自己負責。**

後來，我工作了十年，創業，因緣際會地在業界教課，人們都叫我「連老師」；結果，繞了一大圈，我還是當老師了，人生大起大落的太快，實在太刺激了。

也因為繞了一大圈又回來教書，我也常被我老婆揶揄。

雖然還是教書，但還是有點不同的，在業界教課，雖然還是有很多不愉快、狗屁倒灶的事，但畢竟老師與開課單位是合作關係，覺得不適合，大可以不教就是。而且我主要的工作是經營公司，本質上就是一個教課教得有點多的業餘講師，今天有人願意找我講課，我就講，沒有人找我，我就好好過自己的日子，不忮不求，自然無欲則剛。

最重要的，在業界教課，只問實力，沒人會問你有沒有教育學分。

課後練習

相信自己，不要為別人的價值觀而活，不要為了別人的評價而活，當周遭的人否定你，甚至背棄你時，你還是得相信你自己。

認清自己，做自己真正喜歡的、能做好的事，不要為了討好別人，或者迎合社會主流價值而活。

lesson 4

第四課

“感謝”

thank

我覺得這裡這樣翻似乎比較妥當您覺得呢

這篇文章，我想獻給我的父母親。

有一回，我在台北市館前路的某棟大樓跟幾位朋友吃飯，地點是朋友找的，飯局中閒聊，我笑著跟朋友們說道：「我在這棟大樓裡上過班呢！」

朋友們紛紛露出不可置信的表情，因為他們沒有參與我早年的人生，所以聽到我這麼說，他們當下的感覺很遙遠、很不真實。

當然我說的是真的，當時這棟大樓裡有一家語言出版社，大約將近二十年前的事。

那時當完兵退伍，在職場上工作了兩年，因為還很年輕，一心只想著去國外進修念書，所以辭掉了原來在台中做得還不錯的工作，北上租屋，順便也換到上述的這家出版社上班。

這家語言出版社是一家大型補教集團轉投資開的，當時剛成立一、兩年。我在出版社的工作，是企劃兼編輯，一方面我有網路行銷的經驗，主管要我負責網站的營運與推廣；另一方面出版社當時跟《時代雜誌TIME》洽談合作，計畫在線上英語學習網站取得《時代雜誌TIME》的內容授權，我得趕著在每一期《時代雜誌TIME》雜誌出刊時，先花一兩天讀完雜誌上所有的文章，把重點整理出來，然後跟主編和顧問討論要選用哪一篇文章。

其實是很基層的工作，不過我很認真的在做，那一段期間英文能力也進步不少。

曉芳是我當時的同事，他比我晚進公司幾個月，由於我們彼此之間有共同認識的朋友，在他還沒進公司時，我們就已經互相知道對方。只不過由於兩個人分屬不同部門，曉芳是出版部門，我是網路部門，平時交集不多，除了偶爾遇見打聲招呼、點頭示意外，我們其實並沒有談過太多話。

人生沒辦法預測，遺憾來不及彌補，愛要及時說出口

回頭談談我的母親。

我的母親早年辛苦工作、養育兒女，同時也沒有照顧好自己的身體。

在他晚年時，身體狀況其實已經變得非常不好，除了本身有糖尿病，加上腎臟功能不佳，導致每週需要固定洗腎外；另外又得了一種叫「梅尼爾斯症」的病，也就是母親在世的最後幾年，實際上是處於失聰的狀態。我跑到台北工作，每週固定週五晚上搭車回家看他，週一清晨再搭車回台北，到台北後直接進公司上班。由於當時還很年輕，也不覺得辛苦，唯一覺得困擾的，反而是每次我要出發到台北時，母親總會塞點錢給我，然後交待個幾句。因為母親聽不到，我也不好跟他說明，我已經有在上班賺錢，他其實可以不用太擔心我了。大半的時候，我總是在一陣推拒之後尷尬地把錢收下，對母親關切的言語含糊地答應幾句，然後像逃離災難現場似地匆忙出門搭車北上。

身為子女，往往我們拒絕父母對我們的關心與愛護，是我們覺得自己長大了，已經能照顧自己了，不想再因為生活起居的瑣碎小事讓父母親操心。但是一直到了很久很久以後，甚至是自己生兒育女，當了父親以後，才深深體會到：在父母面前，當一個長不大的小孩，是多麼重要的一件事。

可惜我當時並不懂。

某一個禮拜一的清晨，照例要搭火車回台北上班，當時擔心母親又塞錢給我，同時也不想母親為我操心，我在經過他房間時遲疑了一下，最後決定悄悄地離開家，不讓他知道。

過了幾天，白天在台北上班時，忽然接到家裡來的電話，家人跟我說，母親洗腎時發生了意外，要我趕快回家。

我用最快的速度趕回台中。

因為某些醫療上的疏失，母親在洗腎時發生休克，心跳、呼吸一度停止，後來透過電擊勉強撿回了性命，但昏迷指數始終停留在3，從此再也沒有醒來過。母親在醫院躺了十天以後，我們將他轉送到其它醫院，請外籍看護來照顧他，最後他就以植物人的狀態，在醫院躺了將近一年才過世。

由於家裡出了事，台北的工作也沒法做下去了，幾乎是以逃難般的姿態連滾帶爬的搬回台中。

在家裡待了兩個月，剛好我以前台中工作的老闆找我回去上班，於是我又回到原公司上班，那一段時期，每天下班以後，騎著機車去醫院看母親，我總是靜靜站在他身邊，握著他的手，感受他手上的溫度，然後用盡所有的力氣去記得他的手的溫暖和觸感。

回顧自己的人生時，經常在想：如果那個清晨，經過母親房間時，我能夠停下腳步，跟他說上幾句話，那該有多好？

在他生命最後的時刻，我連跟他好好說幾句話的機會都沒有。

我必須承認，一直過了很多很多年，我的內心一直對母親是有歉疚的。

幾年前，因為某個機緣，我認識了一個有「特殊能力」的朋友。

有一回，我們一起搭車，然後，下了車以後，他私下跟我說：「你知道嗎？你母親在你身邊，慈祥地看著你。」

聽起來很玄，但總之我是信了。

回到家後，當晚我痛哭了一夜，痛徹心扉地哭，終於知道，母親其實沒有生我氣，他原諒我了，而我終於也可以原諒我自己了。

母親的事情，讓我用非常非常痛的方式領悟到，我們的生命真的是會有缺憾的，我們往往以為生命中錯過的事情可以追回、觸犯的過失可以彌補、遭逢的傷痛可以撫平，我們以為我們的人生是有機會NG重來的，但真實的人生並不是這樣。

透過發生在自己身上的故事，我想真誠地跟你分享，如果你心裡愛著一個人、感謝一個人，你一定要及早讓他知道，因為，你永遠不能肯定，你未來是否還有機會告訴他這些話。

能幫助別人是一種快樂，被別人幫助是一種溫暖。

回頭說說，當時工作的台北語言出版社發生的事。

當時的我很年輕，在公司做的是很基層的工作，而這家出版社只是整個集團眾多的子公司裡其中的一家。集團的大老闆，我也只見過幾次，見面的場合要不就是全集團月會、尾牙之類公開活動，要不就是陪同主管去開會而已。記憶所及，我幾乎沒有機會正式跟他講過什麼話，後來我家裡發生了事，主管跟我聯絡，電話裡他轉達了大老闆要「全力把我留下」的指示。我心裡很感動，雖然後來因為母親的狀況，我終究沒有辦法回台北上班，後來也不好意思再回去找我主管和大老闆了，但我在心裡始終謝謝他們，除了感謝當時他們給我的溫情和善意之外，更重要的是，他們讓我相信到，**一個人就算只是在很低下的位置，做的是很基層的工作，只要用心努力，終究是會被看到的。**

公司內發起了募款，湊了些錢來給我應急，有些幫忙的同事，我甚至沒跟他們說過幾句話，我永遠感謝他們。

我特別要提一下曉芳。

因為母親的事回到台中，事出倉促，前一兩個月，賦閒在家裡沒工作。當時在公司負責出版英文語言學習書籍的曉芳跟我聯絡，問我要不要接公司外包翻譯？然後他跟公司提案爭取，把公司要出版的新書部份的原稿派給我翻譯。那是我第一次接外包翻譯的案子，之前我一點經驗也沒有，我把翻好的稿件寄回去給他，很快地收到曉芳的回信，上面寫道：「我覺得某某地方翻成 xxx 似乎較妥當，您覺得呢？」滿滿都是他的建議和回饋。

順道一提，曉芳的譯筆是很好的，喬斯坦·賈德的《紙牌的祕密》，

就是他翻譯的。後來才意識到，其實我翻的東西根本不行，曉芳不但在我經濟困難時給了我賺取收入的機會，幫助我、指導我，並且用的還是最不著痕跡，最顧及我自尊的方式。

為什麼一個人在幫助你的時候，還可以謙卑柔軟到這種程度？

這些年來，我很少跟曉芳見面，見面時也從來沒有跟他提到這件事。但我始終記得這位在我人生低谷的時候，以如此溫柔、不著痕跡的方式幫助過我的恩人，我永遠感謝他。

張韶涵有一首家喻戶曉的歌《隱形的翅膀》，歌詞中說道：「我知道，我一直有雙隱形的翅膀，帶我飛，飛過絕望。」我的想法是：名利固然可以驅使人前進，但能在孤單徬徨中讓你變得堅強，帶著你飛過絕望的，永遠是那些埋藏在你內心深處，鮮少想起，卻始終溫暖的人與事。

曉芳對待我的方式，影響了我的人生，在我後來生活上、工作上，只要遇到可以幫忙別人的機會時，一考慮到如何跟對方互動，我都會想起曉芳。

謝謝您，曉芳。

最受用的身教典範：代人著想

接下來談談我的父親。

我的父親是一九三七年出生的，他八歲那年，正值二戰尾聲，祖父被窮途末日的日本殖民政府強拉去構工，發生意外，被大石頭壓死了。草草埋葬。

男主人驟逝，家裡無以為繼，父親去幫人放牛，就是當古書裡說的小牧童，聽起來挺浪漫，但真的用來營生，完全不是那麼回事。

祖母經常帶著父親的姐妹們（也就是我的姑姑）挨家挨戶要些殘羹剩飯吃，講白話點就是乞討要飯。

實在困苦到無以為繼，父親二十歲那年離開家，從彰化徒步跨過烏溪，到台中找事做。

連路牌上的字都不認得，父親問路人，台中還有多遠？「這裡已經是台中了啊！」，路人笑著對他說。

四顧茫然。

後來，父親在路上遇到一個歐吉桑，歐吉桑找父親幫忙把路邊一棟廢棄房屋屋頂遮陽的鐵片拆下來，拿去當廢鐵賣錢，賣了錢以後，他分給了父親一部分。

「這個好像可以做」，於是父親做起了資源回收的生意，就這麼做了一輩子。

沒受過教育、不識字、沒錢沒背景，父親一生都在社會底層掙扎求存，窮途潦倒，受盡各種委屈和辛酸。

小學五年級分班，新同學轉頭看到我，就指著我對其他同學說：「他們家是撿破爛的。」

父親陪小孩做功課的場景，在我的童年從沒發生過。記憶中他總是全身髒污的忙裡忙外，他也幾乎沒在我的聯絡簿簽名過，因為他那做粗工用力過度的手，拿起筆寫字，手會劇烈地抖個不停，根本沒辦法簽名。

但失學的父親努力學習識字，他是看得懂報紙和新聞的。

我十七歲那年，有一次跟著父親去工地收貨，父親拼裝車的捆繩沒綁好，拖在地上，父親把車子往前開，繩子一下子勾住我的腳，就把我拖著往前走，一路上拖行了約一百公尺，我一路驚恐地狂喊大叫；但是車子引擎轟隆隆地父親根本沒聽見，等到他停車下來查看，才發現我渾身是傷躺在地上。父親可能心裡覺得過意不去，除了幫我買藥治傷外，還買了一些吃的東西給我，然而他也沒有多說什麼，長年生活的煎熬，讓他連表達自己內心的想法都顯得困難。

我這輩子只聽過兩次，父親當面跟我說他的心裡話。第一次是他跟我說，讓我唸大學，是他心裡最大的希望。

我能唸大學，是父親一生最驕傲的事之一，我念大學那幾年，只要跟父親出門，父親逢人就跟對方說：「這是我兒子，他在唸大學。」

另外一次，是我考上預官，受完預官訓，準備下部隊到外島去的時候，父親臨別前，彷彿有千言萬語要說，但拙於言詞的他停了好久，始終說不出話來，最後，他只說：「你要對兵好一點。」

這是我唯一記得的，來自父親的教誨。

我當完兵、進社會工作、創業，二十幾年過去，一路吃了很多苦，也遇到很多不好的人，被騙上當的經驗不計其數，不諱言地說，我不只一次對人性感到失望過，但我總會想起父親對我說的話。

我想，如果你曾經身處在最底層、最卑微的位置，或許你會更珍惜每一次可以給予的機會，或許你也會對別人的不足多一些包容，就像《大亨小傳》開頭說的：「你每次想開口批評別人的時候，只要記住，世界上的人不是個個都像你這樣，從小就占了這麼多便宜。」

我的父親，不是什麼顯赫的人物，甚至連成功人士都稱不上，他自幼貧窮失學、一輩子在社會底層掙扎求存，為了養家活口沒日沒夜的工作。雖然沒有把自己塑造成子女可以學習模仿的典範，甚至連陪子女讀書識字他也力有未逮；但我的父親確實是有教會我、影響我一些人生道理的，這包括：

無論再怎麼辛苦，還是要堅持努力。

對你所愛、所關心的人抱持希望，並且全心全意地支持他們的夢想。

善待每一個需要幫助的人。

我覺得這裡這樣翻似乎比較妥當，您覺得呢

課後練習

對你的家人、朋友，以及生命中曾經幫助過你的每個人，永遠心存感謝。

對一個人最大的愛，不是物質財富，而是你真心的關心他、支持他。

真正認識到其實幸福得來不易，珍惜每一個生命的遇合，對別人的善意心存感謝，同時也學習去善待每一個需要幫助的人。

創業篇

lesson 5

第五課

“選擇”

select

我們人生的“IF, Then”

我們每個人的人生，都有許多的“IF, Then”。

Eric是真正意義上的菁英，他老家在浙江嘉興，大陸易幟時他還很小，被家族長輩帶來台灣，長大求學，從華頓商學院碩士畢業，專長財務和IPO，九〇年代網路狂飆時，他在台灣一家備受看好的新創公司任職，後來公司收掉了，他改到大陸發展，一開始在一家報關軟體公司擔任策略長，幫助那家公司後來在納斯達克上市，後來又跳槽到了另一家線上遊戲公司，幫助那家公司在紐約證交所上市。

有一年，我跟著我們公司總經理和幾個幹部去大陸和 Eric 他們公司談合作，中午吃飯閒聊，酒酣耳熱之際，他叼起根煙，語重心長地說：「如果當初我們家裡長輩沒有把我帶到台灣，我他媽現在應該是嘉興紡織廠工人，現在中午，我應該正在工廠門口和其他工人抽菸。」

接著講講我二姊的故事。

小時候我們家環境不好，兄姊們大多國中畢業後就開始在社會上工作，然後上高職夜校。

家裡比較辛苦，再加上我二姊當時比較叛逆，畢業前夕跟母親吵了一架，索性就賭氣放棄升學了。

高職夜校報名截止的那天，我大哥特別從工廠跑回家，問二姊為什麼沒去報名？然後大哥不管三七二十一，硬是拉著我二姊去報名。

後來二姊高職畢業後唸夜二專，一路半工半讀，出社會後找到工作，做了房仲，學習了幾年，嫻熟業務後自己出來開業，現在是台中一家小型房仲的老闆。

Eric和我二姊的故事，給我最大的感觸是：我們的人生，其實往往是由幾個重大的"IF, Then"來決定的，無論這裡的"IF, Then"，是根源於我們自發的意願，或者是別人幫我們做的決定。

Eric當年如果沒有離開大陸，二姊如果當年沒有被我大哥強拉去報考高職夜校，他們的往後的人生可能完全不一樣。

再講講我年少的好友巴庫的故事。

巴庫是我國中的同班同學，國中時我們經常玩在一起，國三時，他沉迷於電玩，高中沒考好，後來選擇唸了彰化的私立工專。

不過當時的他還是充滿抱負的，後來我讀了大學，巴庫好生羨慕，說「有為者亦若是」也嚷著說要考插大，補習班也上了好一陣子，不過那個時代專科生要插大本來就不容易，後來巴庫也發現到自己程度差太遠了，最後不了了之。

後來巴庫進入社會工作，一直在重複一樣的模式：先是為自己訂了個高不可攀的目標，然後因為一開始目標太高了，也沒有決心和動力去實現，過了一陣子之後不了了之，接著重新訂一個目標。

前一陣子，我去某個單位講課，下課時搭計程車經過巴庫上班的店，遠遠看著他在店裡忙進忙出，他還是在做二十年前的工作，領著差不多的薪水，我很想下車告訴他：「同學，我還記得我們當年一起有過的夢想，你還記得嗎？」

學會認識自己的人生並練習做出選擇

我年少時讀老舍的《駱駝祥子》，當下很震撼，也很難過，整整一個星期，彷彿遊魂一般，我在想：「一個對自我懷有期許，對未來人生充滿希望的年輕人，是如何在一次次外在環境的煎逼，以及自身屢屢做錯選擇的情況下，最後讓自己的人生走向無可挽回的崩壞境地呢？」我久久說不出話來，胸口彷彿受到重重的一擊。我隱隱約約知道我正在碰觸一個人生重要的議題，但當時還十分年少，人生閱歷非常有限的我，並不能很明確地描繪出問題的樣貌，更遑論抓住問題的核心了。有很長很長一段時間，我的內心，就好像有一個無以名狀的團塊，糾結著，你明明知道那東西在那裡，但你不忍觸碰它，不敢直視它，你只能悄悄地將那東西封印在內心深處的某個角落，任憑它蛛絲佈滿，刻意地無視它的存在。

但你騙不了自己，它一直都在那邊。

後來我又讀了路遙的《人生》，那是在我三十六歲創業的前幾年。那幾年，我分別在台北、新竹換了幾個工作，雖然薪資待遇不錯，但整體工作的歷程上都不太愉快，讀了路遙的書以後，我的心情變得更抑鬱更沉重了，我在想：「人一生的宿命，真的如同書中人物是無法擺脫的嗎？我們面對自己的命運，真的是無從選擇嗎？」

如果把我的好友巴庫，還有《駱駝祥子》、《人生》裡主人公的際遇歸咎於宿命論，那我顯然就把問題過份簡化了。我後來在二〇〇九年選擇創業，創業以後又陸陸續續經歷了許多人生起落，在百轉千迴中，慢慢地我對「人生的選擇」這個命題形成了一些自己的看法。

我覺得問題的重心有兩個，其一是我們必須對「人生的選擇」具備一些基本的認識；其二是我們必須學習如何為自己的人生做出較好的選擇。

對人生選擇應有的六大基本認識

先談談對於人生選擇的幾項基本認識。

第一項基本認識，是前文已提過的，我們的人生可能就是由幾個關鍵的"IF, Then"發生重要改變。

除了這件事，我們也要明白到，我們的人生是可以有選擇的，憑藉自身的自由意志做出選擇，是我們人生的主要追求之一，能夠有選擇的人生是美好的，而我們的人生也必須要能夠選擇，沒有選擇的人生是殘酷的。

這是第二項基本認識。

第三項必須有的基本認識是：我們的人生必須要能夠選擇，但好的選擇其實並沒有你想像的那麼多，以我自己為例，這幾年，我常常在想，如果沒做 SEO，還開了公司，我現在可能在做什麼呢？可能在電台說書賣藥，可能在當小說家，可能成為 Youtube 直播主，可能在幫人算命，可能……？

是不是像很多朋友說的，我是被 SEO 耽誤的＿＿＿＿呢？

無論答案是什麼，按照自己的夢想逐步實現，過完理想人生的人畢竟不多，許多人都是被命運擺弄而身不由己，更多人是渾渾噩噩，連自己想要的是什麼都還沒搞清楚，匆匆一生就過完了，我們人生有太多"IF"

Then”，但真正能掌握的選項實際上並不多。

所以，不要輕易用完你的選擇權，當你用完你的選擇權，變得沒有選擇的時候，你只能被動地向環境低頭、現實妥協，或者抱怨命運坎坷、懷才不遇，憤世嫉俗地過完自己的餘生。

然後，第四項基本認識，你得清楚的明白，要過有所選擇，能為自己做決定，不讓別人主宰你命運的人生，是要付出相當高的代價的。

我在職場上，經常見到有一類人，他們不想要辛苦工作，只想追求休閒和生活；也有一類人，動輒對自己的工作覺得不理想不滿意，以至於經常性地換工作。

不想要辛苦工作也好，經常換工作也罷，真相是：當你現在不願意為自己將來可以做出選擇這件事付出代價，你的未來很有可能是由別人為你做選擇，說得更明白一點，有朝一日，你可能會淪為沒有選擇。

實現夢想，是要付出代價的，我直到創業後，才深深地體會到這件事。

第五項基本認識，你必須明白，要讓自己的人生有所選擇，重點從來不在於你擁有多少選項，而是你願意放棄哪些選項。曾經有很長的一段時間，我很羨慕擁有多元專長，過著精采人生的人，我以為能夠做到這樣境界的人，不是特別聰明優秀，就是特別努力；但這幾年，隨著年齡和閱歷的增長，我開始覺得，過著多姿多采人生的人，重點不在追求，反而是捨棄。誠如前文所述及的，我們人生的選擇，其實是極其有限、不可逆，且經常是身不由己的。重點不僅僅在於你要的是什麼，而是在於你願意捨棄什麼。「選擇」其實本身就意味著「捨棄」，人生沒有辦法什麼都得到，你必須很明白自己能做到什麼、真正想要的是什麼，然後在這簡單厚實的基礎上探索自己其它的可能性，那些對你不重要的，你得勇敢捨棄。

「單純的精采人生」，看似矛盾，卻才是我們所應該真正追求的；畢竟，到頭來，你會發現，我們人生能掌握的"IF, Then"，真的沒有很多。

第六項基本認識是：選擇就代表自己認為值得，不要拿「為了什麼放棄什麼」之類的話來欺騙自己。我們經常看到報章媒體上有「誰誰誰為了什麼事放棄高薪工作之類」的報導，如果這是媒體拿來騙眼球騙流量也就罷了，如果是當事人自己真的這樣想，那就很危險了。我們做選擇，是因為我們覺得某件事比另一件事重要，並且我們願意為自己的選擇付上一定程度的代價。人生的選擇這件事，本質上是很私人的、自我的、從個人利益出發的，我們做出選擇，只為自己負責，而不是為了讓媒體嘩眾取寵。

提升自身條件，就能拉高人生決策的籌碼

以上談的是對人生選擇應有的基本認識，那麼我們怎麼樣可以做出比較好的人生選擇呢？

人生本來就是一個大選擇，首先，你得決定，自己想過什麼樣的人生。

如果你選擇的是有意義的、沉甸甸的、深刻的、有份量的人生，你會比別人加倍辛苦，你不時會感到痛苦沉重。

因此，有許多人選擇較為輕鬆的人生。

但有些人，對於他們而言，比起痛苦沉重，輕如鴻毛更讓人難以忍受。

有意義的人生是需要負重前行的，這中間沒有取巧的空間。

有機會的話，可以看看《生命中不能承受之輕》這本書。

接著，如果你的能力和條件有限，那就厚積而薄發，謹慎地做好每一次選擇，然後好好珍惜在手上的每一個機會。

你必須為自己做一個可以做到的選擇，然後為更遠大的夢想保留可能。

然後，認真看待你的每一個選擇，真心真意地把它做好，全力以赴還不夠，要比全力以赴還要更努力一些，英文叫"All Out And a Little Extra"。

再者，我們必須明白，我們的人生選擇，不一定會指向好的結果，所以我們必須學習系統思考，而不是單單以成敗的結果論來看待自己的每一項決策。我們必須去審視自己當初是如何做決定的，然後找出提升決策品質的方法，一次次地讓自己更好，為自己的下一個決策做準備。我們要知道，好的人生選擇，是相應著好的決策方式而生的。也就是說，與我們一般的常識背道而馳，其實不是先有人生選擇才有決策方式，而是先有決策方式才有人生選擇，這話聽起來很弔詭，但人生的真相確實就是如此。

要能做出更好的人生選擇，還有一件事很重要，就是提升自己本身的條件，拉高自己人生決策的籌碼。在所有提升拉高自己決策條件和籌碼的事物中，讀書是屬於不花大錢且極具效益的一種。我們讀書、充實自我，真正的意義不是為了要讓自己比別人勝出優越，而是要讓自己對未來持續保有選擇的機會。龍應台在《親愛的安德烈》一書中，有一段給兒子安德烈的話：

「孩子，我要求你讀書用功，不是因為我要你跟別人比成績，而是因為，我希望你將來會擁有選擇的權利，選擇有意義、有時間的工作，而不是被迫謀生。」

我無法同意更多。

最後，有一件很重要的事，那就是當遭逢不如意時，我們究竟要在什麼樣的情況或時間點之下捨棄自己當初的選擇？這是一個很嚴肅，但我們幾乎一定會遭遇到，不得不面對的問題。

這些年，我對這件事情思考的總結是：

人生很多事是你真正經歷過，才能真正放下。

你如果殫精竭慮，竭盡全力的為自己的選擇奮鬥過，最終還是無法達成自己的目標，雖然你的人生稱不上完滿，但你至少不會有遺憾，因為你認真嘗試過。也就是說，唯有你真誠地「面對它」、「處理它」過後，你才能真正「放下它」，轉身去尋求其他的選擇。

然後，「回首向來蕭瑟處，也無風雨也無晴。」

課後練習

關於人生選擇幾項基本認識。

❶我們的人生，往往是由幾個重大的“If, Then”來決定的。

❷我們的人生是可以有選擇的，我們的人生也必須要能夠選擇。

❸好的選擇其實並沒有你想像的那麼多。

❹要過有所選擇的人生，是要付出相當高的代價的。

❺選擇意味者捨棄，要清楚自己要什麼、不要什麼。

❻選擇就代表自己認為值得，所以不要欺騙自己。

如何做出較好的人生選擇？

❶首先決定自己想過什麼樣的人生。

❷做一個可以做到的選擇，為更遠大的夢想保留可能。

❸認真看待你的選擇。

❹用系統思考取代結果導向。

❺提升自己，讓自己有能力做更好的選擇。

❻認真經歷過後，無論成敗，學會放下。

lesson 6

第六課

“自由”

free

往風暴的中心走去

二〇一五年八月初的某一個下午，由於我在當時某個創業訓練營擔任SEO的講師，所以受到他們的邀請參加學員期末Demo Day的專案發表，我坐在台下聽了一個下午，愈聽愈坐立難安。

不只是那幾天因為媒體報導引起討論的某個請人幫你倒垃圾的手機應用程式（APP），當天我看到的其它幾個應用，個人都想到了很多發展的可能性，深刻地感受到年輕人無窮的創意，這也是我坐立難安的原因。

這些新創的專案包括以下的題目：

❶ 支持台灣運動員、協助運動員募資挑戰世界舞台。

❷ 提供海外留學申請資料追蹤服務。

❸ 個人化、在地化即時美食推薦。

❹ 提供美味專屬個人咖啡。

❺ 利用分析 **FB/Google** 等個人資訊解決聚會喬時間麻煩問題。

❻ 還有，本文一開始提到的，幫你倒垃圾的 **APP**。

中場休息時間，我按捺不住興奮，找了其中一個團隊聊了一下，聊了以後發現，他們似乎只是把專案當作是訓練營的期末報告，沒有繼續下去的打算。

坦白說，當下我頗為失望。

當然，我能理解，並不是每個人都要創業，該訓練營的主要的目的也只是培育新創公司的行銷與技術人才，而不是孵化新創團隊，但讓我覺得惋惜的是：明明就有很棒的點子在那裡，為什麼不試試看呢？

年輕的好處之一就是可以享受失敗。

人生最可惜的是不給自己機會

由於自己開公司創業，這幾年公司經營的還行，很多年輕的朋友會來問我一些有關創業的問題，其中問的最多的，就是我當初為什麼要創業？以及創業時最需要特別注意的事情是哪些？

先談談我為什麼創業。

我聽過很多人談創業的理由，也看過不少創業家的書，最常聽到、見到的創業理由，包括：

❶想實現理想。

❷想改變世界。

❸想賺更多錢。

❹環境所逼不得已創業。

這些理由或許都是真的，但我自己創業，卻剛好都不是因為這些理由。

我創業的真正的理由，聽起來很抽象，但對我而言，卻是一個非常真實的原因：

「我想知道，在沒有背靠的情況下，我可以如何經營自己的事業。」

我早年的職涯算小有成就，在上市櫃公司做到高階主管，三十出頭年薪就破百萬了，後來因為人事紛爭離開了公司，在台北漂泊了幾年，雖然不算順遂，但表面上看來，職位、收入都還算不錯，創業前，最後一個工作，落腳在工研院，雖然待遇沒有之前高，但工作穩定，講給親友聽也挺稱頭的，我老婆見我在外工作了幾年，好不容易有個可以穩定做到退休的工作，也挺為我高興。

但那段期間，我很不快樂。

當時我跟直屬主管互動不是很好，再加上在外租屋，房子濕氣重，久了身體狀況變得很不好，工作不順利加上身體不好的關係，所以我那一陣子過得很不開心。

我每天下班回到住處，就一個人呆呆地望著天花板，耳邊聽著除濕機轟隆隆的聲音，在糾結鬱悶的情緒中沉沉進入夢鄉。

當時的我，一度以為自己的不快樂，是因為工作和身體健康的關係，誠然，事後回想起來，這兩者確實是造成我當時不快樂的原因。但就在我這樣持續發呆的幾個月的時間中，我終究也慢慢地探索出內心中不快樂的幾個真正根本的原因。

「我的不快樂，真的只是因為工作和身體狀況嗎？」

半年後，我慢慢地得出了答案，除了工作和身體狀況這些表面上的理由外，內心的不快樂，還有某些更深層的原因。

其中的一個原因，是我覺得自己可以更好，自己的人生應該還有其它可能。我這樣講，並不是說工研院的工作不好，但是如果繼續在工研院做下去，我的人生似乎已經在事先早已畫好的軌道上運行了；而我的性格深處，害怕這樣的人生。

另外一個原因，是我希望自己能做決定。我的職涯經歷，已經證明我可以在別人決定的框架下，把事情做得很好了，但沒有真正在經營事業上做出最重要的決定過，我不知道自己的能耐到哪裡。

還有，最最重要的是，無論我做什麼工作、當到什麼職位，我畢竟還是有背靠的；我的人生，不曾真正獨立自由的活著，而我們的人生，不就是在追求獨立自由的自我嗎？

不再探索自己的可能性、不再測試自己能力的極限、不能夠真正以獨立自由的姿態過著自己的人生，這些對事情對別人來說，或許無關緊要，但卻是我內心深處十分在意的，而當時的我恰好正處於這樣的多重困境中，這使得我非常不快樂。

我不斷地問自己：是要繼續讓自己持續陷入在槁木死灰、自傷自憐的情緒中，還是要勇敢出去創業呢？

當時工研院有一位資深的同事剛好退休，臨走前他發信給大家，除了告別感謝外，這位前輩提到，他很珍惜幾十年來在工研院的工作，雖然沒有去竹科工作，拿到股票……

我受到很大的衝擊。

重點不是這位前輩有沒有進竹科、拿股票，只要是自己選擇的、樂在其中的人生，我倒不覺得進竹科就一定比在工研院工作好。我真正感到震撼的是，從告別信的內容可以知道，這位前輩其實內心深處曾經嚮往進竹科、或者說羨慕過進竹科的朋友。如果他曾經起心動念想進竹科過，為什麼幾十年來、一直到退休，始終沒有去嘗試過？

原因或許很多，我也不是站在批判的角度去看這件事情；但畢竟，這位前輩最後沒有選擇去嘗試，然後內心帶著遺憾退休。這總是鐵錚錚、且冷冰冰的事實。

我在想，二十五年後的我，也要這樣嗎？

不，我不要。

我找我老婆商量，我跟他說，我打算離職創業。

我老婆不能理解，而且十分擔心，為什麼放著穩定的工作不做，要出來創業承擔風險？家裡的收入怎麼辦？安安穩穩不是很好嗎？

我告訴她：「老婆，你的擔憂我都理解，但我想告訴你的是，今天我創業，有可能成功，但失敗的機會更大，但老實說這些都不重要，重要的是我不要等六十歲的時候，老了、視茫茫髮蒼蒼、走都走不動了，才後悔年輕時因為怎樣怎樣的原因，沒有出來轟轟烈烈的打過一仗，我不要這種充滿悔恨的人生。」

比失敗更可怕的，是你不曾去嘗試過。

我不知道我的理由算不算充份，但總之我老婆接受了。

創業就是勇敢、堅持的往暴風圈走去

二〇〇九年，我辭去人生最後一個上班的工作，拿了二十萬存款創業。

以上交代了我當初為什麼要創業；那麼，創業時最需要特別注意的事情是哪些呢？

其實，就在前面創業過程的敘述中，我已經先提到其中兩件我覺得至為重要的事了。**第一件事，是好好想清楚自己為什麼要創業？第二件事情，是要創業前，一定要跟身邊最親近的人好好溝通。**

但我想在本文中分享的，創業需要特別注意的事情，還不只這些。

回頭來看創業前兩年，開玩笑地講，我就算天天坐在家看電視、或者跑去環遊世界，都不會損失那麼多錢，周遭的人情冷暖可想而知。很多時候，就連我自己也在想：當初為什麼放著穩定的工作不做，要出來創業花錢找罪受？

前面提到，我拿了二十萬台幣存款來開公司，雖然不是多大的一筆金額，但這筆錢畢竟是多年工作存下來的，拿來開公司，就彷彿小孩打破小豬撲滿買心愛的玩具的感覺。

十幾年來，我從來沒有增資過，一路用這筆錢玩到底。

彈盡援絕時有沒有拿自己戶頭的錢出來補貼？當然是有。現在已經不願意再回想金額有多少了，反正我記得的是在二〇一四年底的時候，我戶頭的存款，只有二千元現金。

那時我和大陸合作的朋友拆夥，過程不是太愉快，一度我還用了半年的時間，不支薪處理雙方公司剩下來的一些案子。

不管別人怎麼想，總之好聚好散。

解除合作關係後，有一天我淡定地在星巴克和合夥的朋友喝咖啡，那時我才跟他說，我戶頭只剩二千元。

還是想辦法每個月弄點錢回家，因為怕老婆擔心。

寫到這裡，我又可以回到創業時最需要特別注意的事情這個話題了。我想要分享，創業第三件需要特別注意的事情，是既然你選擇了創業，無論如何都要告訴自己要勇敢，要堅持下去；而第四件事情是，無論再怎麼痛苦，再怎麼難熬，都不要讓身旁親近的人擔心，你必須明白，在追求夢想的過程中，你沒有權利要別人跟你一起承擔痛苦。

創業幾年後，有一次，在一個活動裡，我分享自己的創業歷程，我在演講裡提到一段話，在此我想再次引用這一這段話，作為以上內容的總結：

「如果你要創業，請真誠地面對自己，問自己為什麼要創業？給出一個可以說服自己、也足以說服你身邊最親近的人的理由，然後，用最真誠的態度，溝通、溝通、再溝通，再然後，為自己的人生選擇負上完全的責任，勇敢地往風暴中走去。」

我決定要創業，即將離開工研院時，當時一位創業已經有所成的朋友聽說我要創業，鼓勵我：「啓佑，創業是一種獲得；創業如果能夠讓你賺到錢，那更是一種獲得。」

十一年過去，從一人公司到有二十幾名員工的小小小企業，我每天都很辛苦，每天都在為明天能不能存活、付不付得出員工薪水奮鬥著。儘管如此，這位朋友說的話，我還是同意的。

創業真的不輕鬆，也不一定會讓你賺到錢；但如果你全心全意投入，你真的會有很多獲得。無論如何，這趟旅程是值得的；如果重來一次，我想我還是會選擇這條路。

創業，無論成不成功，這件事本身其實就值得了。當然如果不巧剛好讓你賺到了錢，那更是額外的收穫。

我一直記得他告訴我的這句話，在孤單徬徨、幾次歷經絕望中，一路走到今天。

雖然我不會鼓勵每個人創業，但我想恭喜正在全身心投入創業的朋友，並用當年我朋友鼓勵我的話送上祝福。朋友，你正走在即將收穫滿滿的道路上。

前幾年，有個職業棒球隊的口號，叫「敢夢」，我看大陸的歌唱選秀節目「中國好聲音」，導師都會問每個學員：「你的夢想是什麼？」真的，有夢想是很重要的，如果我們的年輕人不敢做夢，大人們不支持、不鼓勵年輕人追夢，那我們的希望在哪？

課後練習

創業前，真誠地面對自己，好好想清楚自己為什麼要創業？

創業前，好好地跟身邊最親近的人溝通。

創業的過程中，盡自己最大的努力，不要讓身邊的人擔心。

如果你選擇了創業，那就告訴自己：「要勇敢、要堅持、要往風暴的中心走去。」

lesson 7

第七課

“勇敢”

Brave

我們剩下的就只有勇敢而已

我有四個創業初期的故事想跟你分享。

先說第一個。

二〇〇九年，我辭去人生最後一個全職工作創業，做的是電子商務，一開始沒什麼營收，就接一些架站和SEO的案子貼補收入。

有一回，我有個做袋子的供應商，經營者是一對兄弟，約我到桃園吃晚飯談事情，我到了吃飯的地方，見到他們兄弟倆，傻了，他們手上拎著提袋，裡面裝了一瓶白酒三瓶紅酒，吃飯時助興用的。

為了順利合作，我喝了幾杯白酒以後，又陪他們喝了大半瓶紅酒，最後我實在是撐不住了，再加上第二天在中和有個 SEO 的客戶要開專案會議，我跟他們說我得先趕車北上了，他們兄弟倆聽我這麼說，面面相覷，一副掃興的表情，意思是說我們才剛要跟你開喝，你怎麼馬上就要走了？

我用最後的一點意志力保持清醒，搭上了火車。

車子到了板橋車站，眼前天旋地轉，我勉強走出車站，找了個垃圾桶就吐了起來，然後整個人癱在露天的椅子上動彈不得。

現在回想起來，我那時候如果被洗劫，大概也毫無招架之力吧！

也不知道躺了多久，稍微清醒過來時，發現天上滿天星斗。我告訴自己不能一直待在這裡，勉強站起來，在路邊巔巍巍地招了一台計程車，跟他說，就載我到隨便一家旅館。

我甚至不確定下車時有沒有找零了，反正我迷迷糊糊地完成入住手續，迷迷糊糊地上了電梯，最後迷迷糊糊地進了房間，噗咚一聲就倒在床上。

不醒人事。

半夜，是被從五臟六腑湧上來的嘔吐感所驚醒的，我跑進廁所，再一次吐的昏天暗地。

清晨，我醒來時，才發現房間門根本沒關。

然後，一大早，我準時出現在客戶會議室，跟客戶簡報專案的進度。客戶很滿意，他們完全查覺不出我有任何異狀，更不曉得我在幾個鐘頭前，還躺在板橋火車站門口的露天座椅上。

這當然不是什麼值得稱道或效法的過去。如果你計畫創業，或正剛開始創業，我想跟你分享的經驗是：忘掉你的委曲辛酸，把眼淚擦乾，把你的痛苦和不堪勇敢承擔下來吧！然後盡力拿出最好的表現給人家看。

因為上班給老闆罵，下班罵老闆的美好日子已經離你遠去，因為你從此無依無靠。

創業是重新認識自己的過程，更是豐富生命的修煉與獲得

說說第二個我創業初期的故事。

我從二〇〇九年創業，到二〇一二年業務轉型，之間整整做了四年的電子商務。

電子商務是比較好聽的說法，其實就是找一些工廠的產品放到網路上賣，也就是俗稱的網拍。剛開始做的時候，沒什麼經驗，透過朋友的介紹，認識了家做文具的廠商，我看了他們的一個產品，是把傳統照片四個角修成圓弧型的圓角刀，覺得不錯，就跟他們說我要批一些到網路上賣。

那家工廠的老闆娘，一開始對我愛理不理，後來他終於決定賣給我了。一邊跟我拿錢，一邊跟我念叨：「我是看在你把我的東西放到網路上，多少還有點廣告效益，不然我根本不想賣給你……」

我其實是拿現金去批貨的，既不是經銷也不是寄賣，結果我的供應商得了便宜還賣乖，把我羞辱了一頓。「沒關係，剛創業，要忍耐」我告訴自己。

我就這樣載了五大箱圓角刀回家。

回家之後一開箱，我傻了。圓角刀外包裝的透明泡殼，不知道為什麼磨得亂七八糟，根本不能賣。我把其他的箱子拆開，每一箱都是一模一樣的情形。

我把這五大箱的不良品載回去那家工廠，跟老闆娘說：「你的貨這樣，我沒辦法賣。」

老闆娘跟我裝傻：「我給你的時候，明明是好的，這應該是你自己弄的吧！」

「所以你覺得我是故意把這些貨磨成這樣，讓自己不能賣嗎？」我壓抑著滿腔怒氣說。

大概是自己心虛，老闆娘最後還是幫我換了。一邊換，一邊嘴上不饒人，嘀嘀咕咕的抱怨。

然後他換給我的，一樣還是外包裝泡殼磨損的不良品，只是情況稍微好一點而已。

我就這樣站在原地，看著一齣無良的人生劇場活生生在我眼前上演。

我把這五箱東西載回家，擺著，不賣了。

一直到今天，我偶爾回老家，看到這批貨，我都會提醒自己，要爭氣。

我想要跟和我一樣走在創業路上的朋友說的是：其實我們都一樣，都會經歷類似這樣的事情。你可以難過，可以哭，但是記得一定要站起來，繼續勇敢地走下去。總有一天，我們要抬頭挺胸，給那些看衰我們、欺負我們的人看，我們活過來了，而且，活得比你更精采。

說說第三個我創業初期的故事。

有一次，經過朋友間接介紹，跟一個台中知名酒店集團的副總談案子。

他們集團的董娘要出來選舉，需要有人幫忙經營臉書、部落格、做網路宣傳，這個副總請我幫忙。

「因為時程很趕，你就先開工吧！」副總說。

我回去很認真地、風風火火地搞了好一陣子。

後來，由於酒店的形象不好，這位董娘最終沒有得到黨內提名，從政之路提前告終。

網路宣傳當然也不用做了。

但我畢竟花了不少時間和精神在上面，特別是當時我是創業初期，一切都很困難，我需要收入，每一份收入對我而言都很重要。

我試著連絡當初跟我接洽的那位副總，這位副總已讀不回，從此避不碰面。

我一毛錢也沒拿到，甚至連對方的一句抱歉也沒有。

我深刻地反省過這件事。

跟圓角刀的那件事情一樣，創業以前，我活在一個單純的、舒適的世界，只要努力把事情做好，一切該發生的事情自然會合理發生。

但真實的世界顯然不是這樣的。

創業的其中一個好處在於，它是你一個重新認識、定位自己的過程。

當你不再有背靠、你不再有人保護，當你得自己面對很多真實到令人覺得殘酷的事情的時候，你到底是誰？你能為別人帶來什麼價值？你又為了什麼而活？

拿掉你原來的頭銜、資源、社會光環以後，你得赤裸裸地面對真實的自己。你會發現：原來你什麼都不是，你被打回馬斯洛需求階層的底層，只為了溫飽、只為了生存而活。

你如此不堪。

自我實現？別開玩笑了。

對於很多習慣待在舒適圈的人而言，那是極其巨大的衝擊。

我用很長的時間觀察到，**很多人創業到中途放棄，不見得是真的活不下去，而是過不了自己的心態這關。**

「由儉入奢易，由奢入儉難。」

重新劃好自己生命的底線是重要的。

你得真誠地面對自己，你得清楚地想明白，你可以接受什麼，你無法接受什麼。重點在於你要深切地覺悟到，你即將捨棄的，會遠遠多過於你可以留下的。**人生是場破局，我們最終都將孤獨的離開。我們一路上會不斷地失去，什麼也不會留下；所差別者，只在於你得決定失去的順序。**

很多人會告訴你"Business is business"；言下之意，彷彿你的事業和你的人生是可以分開的。我個人的經驗卻不是這樣。我發現到，創業的歷程，跟個人的生命體悟是息息相關的。**創業過程中的高低起落，期間發生的大事小事，都會影響你的價值觀、自我定位、待人接物**。你會發現自己慢慢在改變，慢慢地在適應環境，慢慢地磨去稜角尖刺。

在我準備創業的時候，一位朋友曾經跟我說：「**創業是一種獲得。**」後來我深深覺得他是對的。

世界從來不是公平正義，只有勇敢才能生存下來

說說第四個我創業初期的故事。

有一回，某個大型資訊公司接到了政府單位的標案，因為標案內容有**SEO**，經過以前上班同事的介紹，找上了我，請我當他們下一手的外包。

資訊公司的專案窗口很爛，開案之初交代完工作後就不見蹤影，雖然感覺很不好，我還是盡力把該做的事情做完。

結案的時候，這個窗口很妙，找了個藉口不出席，結果就我一個人去報告。

我報告完自己的部分，政府單位的長官對我的部分沒有特別意見；但是開始抱怨起整個標案很多該做的事項都沒有完成，成效不如預期，問題窗口也都沒有處理。

其實我的角色只是個接案單位再外包的下游廠商（當然不能讓長官知道），一來我不清楚整個標案的狀況，二來我也無權代表我上游的單位回答政府單位長官的問題。當下我的處境變得十分尷尬，我只能唯唯諾諾、小心翼翼地回答各種尖銳的問題。輪番砲轟完後，最後長官問道：有一些要求改善的事項，我們能不能做到？我回答（也只能這樣回答）回去會轉達，盡可能改善。

我回家不久，那個窗口電話來了，劈頭把我罵了一頓，說我幹嘛亂回答問題，答應發標單位一些不該答應的事情。

我啞巴吃黃蓮，一來我根本什麼也沒說，二來是這個窗口自己怕結案會議被修理藉口不出席的，如果他真的重視這個案子，那他結案時就應該準時出席面對問題。這些事情我心裡其實都十分清楚，但我什麼也不能說，因為我只是個委外廠商，硬著頭皮去回答政府長官的質問也是事實。

像本文中我的上游廠商窗口這樣的人，職場上多的是，他們偷懶、狡詐、張狂自大，踩著別人的屍體前進。在職場工作時，我們對這些無論是品格、或是能力，甚至是長相都遠遠不如我們的人物不屑一顧。然而當你一旦歸零創業，你什麼也不是，你只能讓這些卑劣的跳樑小丑擺佈愚弄，用各種方式操縱利用，用各種方式作賤丟棄。

年輕時，由於自己的生長環境和所受教育的影響，我曾經深深地相信世界上有公平正義這件事。甚至在我三十六歲創業，到步入四十歲以前，我也是這麼想的。

但創業前幾年現實的磨練告訴我，真實的世界不是這樣的。

你會看到很多人，明明是壞蛋，大家都知道，但是他們吃香喝辣，享盡一切好處，啃你的骨頭，喝你的血，踩著眾人的屍體前進，他們張牙舞爪，得意非凡，但你拿他們一點辦法也沒有。

你內心深處希望老天有眼，壞人得到懲罰，正義得到伸張。但這些壞蛋完全不像電視電影裡演的那樣惡有惡報，他們無災無難，到死都過得比你好，甚至他們死後，子子孫孫都過得比你好。

惡有惡報，正義終將伸張，是弱者輸家拿來安慰自己的話。

你想扮演正義的一方，舞起刀來，耀武揚威，以為可以好好教訓對手，沒想到迎面而來的是一發子彈，對手一臉不屑。

是非、對錯、善惡，是活下來的人才有詮釋權。

不是很讓人愉快，但真實的人生就是這樣。

在我四十歲以後，我不再相信世上有公平正義這件事了。這個世界並不公平，這個世界，從來不是好人主導的，它只屬於有權力的人。

所以我們只能唯力是視，跟著淪落、跟著作惡嗎？我們難道沒有其它的道路可以選擇？

聰明是一種天賦，善良是一種選擇。我想跟你分享的是：你永遠有選擇善良的機會，但在你選擇善良之前，更重要的是，你得武裝自己，你得勇敢，你得讓自己變強。

你要做的，從來不是當個好人，而是努力讓自己變強，然後提醒自己做個好人。

課後練習

無論你是否選擇創業，請讓自己變得超乎想像的勇敢。

有一句話叫「凡殺不死我的，必使我更強大」，挫折的的確確會讓你成長，前提是你得先設法讓自己從挫折中勇敢站起來。

「天地既不因堯舜而存，也不因桀紂而亡」，如果你想成為一個好人，那很好，但請不要相信當一個好人，公平正義會自動降臨在你身上，你會失望，你真正該做的是讓自己勇敢起來，讓自己變得強悍，然後選擇當一個善良的人。

在逆境中，學習畫出自己生命的底線，弄明白哪些是你可捨棄的，哪些是你必須保守的，試著從生命的底線出發，可以讓一個人更具備韌性。

lesson 8

第八課

“承受”

bear

有時候
我們唯一能做的就是吞下它

談談從二〇〇六年我北漂工作，到二〇〇九年創業前後，這段期間我很喜歡看的兩部電影。

先談談《氣象人》（The Weather Man）。

《氣象人》是二〇〇五年在美國上映的電影，由戈爾・維賓斯基（Gore Verbinski）導演執導，斯蒂夫・康拉德（Steve Conrad）編劇，尼可拉斯・凱吉（Nicholas Cage）、麥可・凱恩（Michael Caine）主演。講述的故事是關於來自芝加哥的天氣預報員大衛・

史普里茲（David Splitz）（尼可拉斯・凱吉飾）面臨中年之後人生與婚姻生活的轉變。整體而言，這是部票房、口碑皆差，既不叫好、也不叫座的電影；更妙的是它明明是一部「悶」到可以的電影，卻偏偏被歸類在喜劇類。

就是這樣一部「奇妙」的電影，關於這部電影的劇情介紹、影評，在網路上可以找到一堆，前人之述備矣！也就用不著我來野人獻曝了。在這裡，我想特別談談電影主人翁大衛的父親羅勃・史普里茲（Robert Splitz）（麥可・凱恩）在本片接近尾聲時，在車上對他說的一段話：

“This shit life… we must chuck some things. We must chuck them… in this shit life.”

網路上有人認為《氣象人》這部電影的主旨是「做自己」（Just be

yourself），也有人說這部片想講的是「活在當下」，由於每個人的生長背景、人生歷練不同，觀賞一部電影，所感受到的事物自然也不一樣。我認為前述的看法都對，但對於我個人而言，我從這部電影中得到最大的感悟是「接受」與「面對」，這其間包括家庭生活的不美滿、事業的不如意、夢想的難以企及、以及自己本身的不完美。

我在中學的時候，當時有一部科幻電影《異形》（Alien）很轟動，後來陸陸續續拍了好幾部續集，成了系列電影。我跟我幾個當年的死黨好友組了個小團體叫「異形黨」，取的是「任意而行」的諧音，對於慘綠年少的我們而言，凡事能夠跟著感覺走，揮灑自我，是當時的我們所能想像的，最美好的境界，我們衷心希望有一天，能夠真正過上任意而行的日子。

慢慢長大以後才發現，「人生不如意事，十常八九。」我們或許終其一生，都沒有辦法完全按照自己希望的方式活著。

人生總是要捨棄一些東西。我們總是想要成為自己理想中的樣子，過我們想要的生活，但往往到最後，一切如夢幻泡影，如霧亦如電，我們發現自己遠遠不是自己想的那麼聰明、帥氣、美麗、優秀，生活周遭的種種事物，也往往不是按照自己期望的步調來鋪陳變化。"As You Wish"（隨你歡喜）是每個人想要的；如果可以，誰不想當任我行？但是，往往，我們真正過的是「大便般的人生」（Shit Life）。如此人生，跟大便一樣，令我們嫌惡，令我們不忍卒睹，令我們不願面對，而偏偏，它每天都會發生。

而到頭來，我們有兩條路可走，其一是降低自己的標準，限縮我們的夢想，浮浮沉沉，渾渾噩噩，不願去想，也不敢去想，就像台灣一部老電影的片名一樣《我就這樣過了一生》，或許在某個午夜夢迴，也或許在某次的驀然回首，我們會發現，自己內心深處最柔軟的部位，心臟仍然狂

野的跳動，渴望仍在，而咆哮，尚未止息……

亦或者，我們選擇去改變現狀，突破眼前的困境，就像《氣象人》中的大衛・史普里茲一樣，努力當個好父親，努力想成為作家，努力想要挽回亮起紅燈的婚姻，努力想要把斷裂成碎片的生活重新組合起來……

然而，未能如願、無力、成為註腳，就像用力揮拳，打在棉花上頭一樣，「砰」的一聲，然後，什麼也沒發生，什麼也沒改變，什麼也沒留下，周遭一片寂靜。

「見山不是山，見水不是水。」或許意味的是更深刻的反省過程，層次更高的人生境界。然而，比起什麼都不知道，「見山是山，見水是水。」的境界，前者並不保證能帶來更多的快樂，相反的，往往是徒增痛苦而已。

學會當一個坦然以對的氣象人

《氣象人》裡的大衛對現狀感到不滿，亟思突破，卻又在千頭萬緒的生活中不斷碰撞，進而挫傷自己，他渴望成為自己期待的自己，卻又發現現實的落差，並不是他有限的才智與能力下的努力所能彌平。他覺得自己像是小丑，因為在光鮮亮麗的外表下，他不喜歡自己，他不能理解所播報的氣象其實只是不確定的猜測而已，他不願意在工作場合以外的場合被觀眾認出，他沒辦法接受自己與生活周遭一切的一切……然而儘管如此，他卻又要強顏歡笑地做他沒興趣的工作，追尋他達不到的夢想，扮演他根本沒辦法勝任的角色，他在路上老是被觀眾拿食物飲料砸，因為這樣的他，其實是個外表歡樂內心悲苦，名實不符的小丑，而只有小丑，才會被人拿飲料和食物砸。

一直到最後，他了解到人生必須割捨一些東西，去接受一些他不滿意，甚至感到挫折痛苦的事物（例如：他的妻子再婚，父親的死去，以及

他自己永遠也當不成作家的現實。）這是個糟糕的人生，而這樣的人生，必須學會割捨，學會接受，甚至某種程度的放棄，畢竟並不是每個人都能成為在課堂與教室中被提起景仰的人物。我們到最後，往往就是所剩無幾，守護手中僅有僅剩的一切，守護如此平凡與庸碌的自己。

李壽全寫過一首歌《我的志願》，還記得嗎？

有這樣的了悟，對於人生或許還是有些失落與遺憾；但是會活得輕鬆一些，也會活得比較像真正的自己。這樣的自己，無論好壞，步伐總是會輕快許多，身段總是會俐落一些。這樣的大衛，可以被觀眾認出而不再覺得不自在，可以為觀眾簽名，甚至在被問及天氣時，也有了「不知為不知」的坦然與自在。網路上的友人對於大衛到紐約之後不再被觀眾砸的劇情安排感到難以理解，其實這時的大衛，雖然沒有成為巨人英雄，卻也不再是小丑，既然已不再是小丑，當然也就不再被砸。

《氣象人》被歸類為喜劇，很多人說這部電影很沉悶，我自己倒沒有特別的感覺。可能是因為我喜歡看尼可拉斯・凱吉的電影，也或者是因為我本身就是一個很悶的人吧！不過，這部電影沒有什麼特別的高潮戲（Climax）倒是真的，像這樣類型的喜劇，看慣了好萊塢電影的觀眾大概會不習慣吧！有人說，李國修之所以能成為一個成功的喜劇演員，是因為他是一個很了解悲傷的人，這部電影，多少也有這樣的味道不是？

「人生不如意事，十常八九。」願我們學會「只記一二」。

幫助別人就是幫助自己

接著談談《征服情海》（Jerry Maguire）。

《征服情海》是一九九六年上映的美國浪漫喜劇電影，由卡麥隆・克羅（Cameron Bruce Crowe）編劇執導，湯姆・克魯斯（Tom Cruise）、芮妮・齊薇格（Renée Kathleen Zellweger）和小古巴・古丁（Cuba Gooding, Jr.）等人主演。電影中，運動明星經紀人傑瑞・馬奎爾（Jerry Maguire）（湯姆・克魯斯飾）因為旗下的運動明星受傷，有感而發寫了一篇「提升與客戶關係品質更甚於獲利」的任務宣言（Mission Statement），並將它分享給公司所有同事，沒想到竟然因此遭到公司開除。這樣的變故讓傑瑞的生涯一下子從巔峰跌入谷底，他離開公司時同事沒人願意跟隨他，只有二十六歲的單親媽媽，他們公司的會計桃樂絲・博伊德（Dorothy Boyd）（芮妮・齊薇格飾）因為深受傑瑞的精神感動，決定跟他一起走。至於客戶方面，傑瑞一個都帶不走，只有脾氣火爆的二線美式足球接球員羅德・提德韋爾（Rod Tidwell）（小古巴・古丁飾）為了一搏鹹魚翻身的機會，決定加入傑瑞的陣容。從天堂跌落地獄的運動經紀人、單親媽媽、失意運動員，三個人生失敗者，也就是人稱的「魯蛇」，如何突破逆境，翻轉人生？

這部電影誕生了很多著名的台詞，例如：

"You complete me."

"Show me the money!"

"You had me at 'hello'"

不過，我要特別提的，是電影中另外兩段台詞。

第一段是傑瑞對羅德提到，他正在幫羅德重新談判合約，羅德回答傑瑞時順便點名了幾個球員，他告訴傑瑞，這些球員正在賺大錢，他們正在創在「寬」，而傑瑞竟然只是在談判，對話如下：

Jerry:

I started talking with Dennis Wilburn about your renegotiation.

Rod:

Talking. Jerry Rice, Andre Reed, Cris Carter... I smoke all these fools. They are making the big sweet dollars. They are making the... quan, and you are talking.

Jerry:

Quan. That's your word?

Rod:

Yeah, man, it means love, respect, community... and the dollars too. The whole package. The quan.

Jerry:

Great word. Tao?

Rod:

No, I air-dry.

羅德希望達到「寬」的境界，什麼是「寬」的境界呢？按照羅德的說法，是愛（Love）、尊敬（Respect）、社群（Community）、還有錢（Dollars）。

被愛、受尊敬、有一群支持擁戴你的人，同時賺上一大筆錢，誰不想擁有這樣的人生？

但此時羅德離自己想達到的「寬」的境界非常遙遠，他感到憤怒、挫折、自艾自憐、怨天尤人，他想擺脫困境，往前邁進，卻又不知道從何開始。

鏡頭轉到另一個場景，傑瑞和羅德在路上並肩走著，傑瑞問羅德：

「我們是朋友吧？」

「為什麼不是。」羅德回答。

傑瑞說：「我的意思是，既然我們是朋友，朋友間可以說真話對吧？」

「我想是這樣沒錯。」羅德回答。

於是接下來，傑瑞對羅德說了一番話，這段話很精彩，原文如下：

Jerry:

All right. I'll tell you why you don't have your $10 million yet. Right now, you are a paycheck player. You play with your head, not your heart. In your personal life, heart. But when you get on the field, it's all about what you didn't get, who's to blame, who under threw the pass, who's got the contract you don't, who's not giving you your love. And you know what? That is not what inspires people. That is not what inspires people. Just shut up and play the game. Play it from your heart, and you know what? I will show you the quan. And that's the truth, man! That's the truth. Can you handle it? It's just a question between friends, you know? Oh, and when they call you "shrimp", I'm the one who defends you!

傑瑞告訴羅德，他沒有得到千萬美元合約的原因是因為他只為金錢、只為自己的算計打球，而不是用自己的心。在個人生活上，羅德很用心投入；但是在運動場上，他卻不是這樣。他只在乎自己沒有得到什麼、有誰可以抱怨、誰漏接了他的傳球、誰得到了他得不到的大合約、誰不愛他……而凡此種種。這些事沒有辦法啟發別人，所以請閉上嘴巴，用心打球吧！然後我會把「寬」帶到你面前。

從北漂工作到我創業初期，是我人生相當低潮的幾年。在身處逆境，經歷生命中極為黯淡時刻的那一段時期，我除了從《氣象人》中學習坦然以對，真實面對自己的不堪、真實面對生命中的挫折以外；同時也不斷地反問自己：「我如何能夠不要一直陷入自傷自憐的情緒，從黑暗中找到曙光，找到一絲絲翻轉人生的機會？」

《征服情海》電影對白給我的啟示是：如果你無法啟發人，你很難成功。

只關心自己、抱怨別人、忙著檢視自己傷口的人，無法帶領別人前進，無法為別人創造價值。**當我們無法為別人帶來價值時，我們自己也很難提升自己的價值。**

如果你想達到「寬」的境界，你必須擴大你的格局、提高自己的生命能量。**當你能夠影響別人、為別人帶來啟發、帶來正面的改變，你就是個有價值的人，你會得到愛、得到尊敬、得到周遭人們的擁戴、同時也能賺一些錢。**

沒錯，就是「寬」的境界。

課後練習

我們的人生總有竭盡全力，但結果不如人意的時候，與其被動忍耐，我們要做的是學習面對逆境，學習割捨一些事，學習接受一些事，學習珍惜身邊所剩無幾的事物，更重要的是，即使一無所有，也還是要愛自己。

除了學習達觀處世外，面對逆境和挫折，我們其實有更好的應對方式：「試著讓自己當個能啟發別人的人」。如果我們要做到能啟發別人，我們必須提高自己的視野、加大自己的生命能量，變成一個更強大、更具備格局的人，能為別人帶來更多的價值的人。當我們能為別人帶來價值，就意味著我們本身也會變得更有價值。

經營篇

lesson 9

第九課

價值

value

形塑企業的關鍵人物

我在經營網路行銷公司，我早年自己也在網路行銷公司上班。

我當時的老闆，是業務背景出身，他的專長是洞燭機先，發掘商機後，帶領著業務人員攻城掠地，往往只是賣個概念，商品服務還未成熟，印一份五彩繽紛的銷售簡章，配合上業務人員的如簧之舌，就可以大筆大筆的簽單。

實在有夠厲害。

為了全台業務規模複製，商品服

務越單純、越整齊劃一越好，案件簽進來，也不用什麼人居間統籌了，直接丟給後勤單位處理就好。

為了省人事費用，也為了讓業務人員多簽單，業務人員採無底薪高比例薪，後來因為法規的關係，改成基本底薪加高獎金，但制度設計背後的精神如出一轍。

公司有成功賺到錢嗎？還真的有，網路泡沫化那幾年，一些稱頭的公司紛紛倒下，我們公司不但挺過了網路泡沫化，還賺了一些錢。

我以前的老闆，曾經很得意地跟我說：「經營企業，將本求利，比的是氣長。」所以，我不能說他不對，但這樣真的毫無問題嗎？

為了讓服務簡單好賣，硬推套裝服務，造成客戶預算平白浪費也就罷了，更多的時候，是服務根本無法滿足客戶的需求。業務員只管簽單就好，長此以往形成了不重視服務的文化，反正丟給後勤單位收爛攤子就好。

案件由業務包辦簽單和統籌，執行的品質怎樣可想而知，包山包海、過度銷售不說，更離譜的，還有些不肖的業務，跟客戶簽所謂的AB合約，最後鬧上法庭。產品服務不符客戶需求、服務品質不佳、無法履行服務承諾、甚至還有法律問題……當各種問題湧現時，也連帶影響銷售士氣，然而業務團隊會怪自己嗎？不，他們怪的是公司，更具體的講，是怪後勤團隊。

老闆不知道問題嗎？不，他當然知道，不過等他發現問題的時候，他也無力解決，只能夠把所有的壓力加諸在後勤團隊身上。而我，就是後勤團隊的頭頭。

這家企業，曾經盛極一時，最後變得無關緊要。

由於早年自身的慘痛經驗，我在自己創立網路行銷公司時，不以套裝服務方案為主，走的是訪談客戶需求後按需規劃的顧問式銷售。給業務足夠的底薪保障，然後我不稱呼他們業務，取而代之的，我稱呼他們「客戶經理」，用意很簡單，我希望他們把客戶看得比業務重要。為了服務品質，每個案件都有負責的專案經理，然後每家客戶都至少有兩名可找到人的聯絡窗口。另外還有許多、許多，加強服務品質的措施。

因為上述的做法，我的業務擴張的很慢，成本也比別人高，經營的異常辛苦。這是代價，然後我換來什麼呢？我換到的，是我們的客戶，當然不見得都滿意我們的服務，但至少沒有嚴重的客訴，另外還有，在業界還算過得去的口碑。

千萬別誤會，我的意思並不是說，我這樣的經營方式與思路，相較於我前公司，有比較勝出或優越的地方，至少以巔峰期的成就而論，我的前公司，是一家曾經擁有數百名員工，年營業額數億，並且成功掛牌上市櫃的公司。除了我作為經營者本身對於服務和口碑的自我感覺良好外，從業績和規模的角度來看，我自己創業經營的公司與我上班的前公司遠遠不能相比，一樣的網路行銷行業，類似的接案服務模式，過去是員工，現在是老闆，從不同的立場和態度來看整個的過程，這些年來，其實我一直試著讓自己跳脫表面上經營管理的良窳成敗，從更深刻的層次來思考，我和我前公司之間，彼此到底各自做對或做錯哪些事情？

我覺得有兩個重要的思路。

其一，是價值的取向

你是要求快、求業績、求量化？還是要求穩、求口碑、求服務？你的價值取向，決定了你會用什麼樣的人、設計怎樣的組織、規劃什麼樣的產品、制定什麼樣的績效指標、用什麼方式營運、用什麼態度面對客戶、建立什麼樣的企業文化……這之間雖然沒有絕對的對錯，但是我們必須知道，**有價值取向，就會有價值取捨，因為作為人，我們的資源和時間都是有限的，所以經營管理本質上是魚與熊掌的問題**，你選擇了求快、求業績、求量化，當然就有比較大的機會獲得短期的成功，但在馬步沒有扎穩的情況下，成功可能來得快去得也快；你選擇了求穩、求口碑、求服務，好處是不會企業迅速崩壞，但很有可能連泡泡都還沒冒出來，你就在市場滅頂了。

我和我的前老闆，基於不同的考慮，在我們各自開展事業的初期，選擇了不同的價值取向，並因此造就了兩家同樣的產業、同樣的商業模式，但風格卻迴異的公司，從一開始要實現自己經營目標的角度來看，我們或許都是對的，但我們似乎都沒意識到，價值取向同時也伴隨著價值取捨，你選擇了魚，同時就放棄了熊掌，反之亦然，但一直吃魚或者吃熊掌很可能都是不是對的，我們是否有做到審時度勢、與時推移、因物進化呢？還是因為初期的成功而產生了經營企業就一定得這麼做的執念呢？

執著，或許是生命的一種浪費。

其二，是意識到老闆真正的責任

我和我前老闆都是白手起家的人，無依無靠、從無到有打造一間企業，由於沒有背靠，我們一開始創業時求的是創利，求的是企業的存活，所以管理書上什麼企業的價值、使命、願景……這些高大上的東西，離我們很遠很遠。我們沒有太多的精力和餘裕去思考這些形而上的事情，對我們而言，發現商機、推出商品、創造營收，能夠養活自己和員工，才是活生生每天必須面對的實際課題。某種程度，我們跟台灣很多草根出身的中小企業老闆一樣，把自己的現實當作務實，並且以此沾沾自喜，甚至我們在有意無意間都輕視那些管理書上告訴我們很重要的東西，覺得那些東西不切實際，但我們都忽略掉了一個很重要的道理：「當我們把企業的格局想得大時，我們不一定能真正的按照自己的理想把企業做大；但當我們把企業的格局想得小時，我們是絕對不可能把企業做大的。」

我和我前老闆，都有一個重大的思考誤區，就是錯以為企業每天營運上的柴米油鹽，是經營者最重要的工作，然後我們不斷地用戰術上的勤奮，來掩飾我們戰略上的懶惰。

經營者，別名老闆，最重要的工作，不是張羅柴米油鹽，最低限度來講，至少柴米油鹽不應該是老闆唯一重要的工作，老闆最重要的工作，是決定企業應該做出什麼樣的料理。

不知道這算不算後知後覺，這幾年我自己經營公司，才慢慢體會到一件事：「老闆，形塑了企業的樣子。」

在草創初期，將一家企業，形塑成他要的樣子，是老闆的權利，也是義務，你的日常言行舉止，你遇到事情的價值取捨，決定了這家企業未來的長相；這同時也是老闆無從推託，也無法假手他人的工作，無論是變的基業長青，或者淪為無關緊要，是好是壞，最後終歸都是老闆的責任。

若企業早早夭折陣亡，也就罷了，怕的是初期的獲利與成功，讓企業主很容易覺得自己的企業是沒有問題的，等到有朝一日，企業長成自己完全不認識、完全不受控制，會反過來吞噬自己的怪獸時，通常為時已晚。

豈可不慎乎？

我也慢慢能理解一件事情，為什麼很多人以前上班時渾渾噩噩，創業當老闆以後，反而開始四處學習上課，明明很多事都可以找人做，為什麼還要自己拚命學呢？單純的為了省錢無法解釋這個現象，更有可能的是為了填補自己的焦慮，老闆怕自己專業能力不足，怕自己跟不上趨勢變化，怕自己不懂經營管理，怕自己眼界格局不夠……唯一能止住焦慮的手段只有拚命學學學……

經營企業，從來沒有懈怠的餘裕，你稍稍打個盹，睜開眼來，公司可能就沒了，或者，更糟糕的，變成了怪獸。

關於形塑企業這件事，讓我們持續努力、共同學習，然後，更重要的，永遠、永遠，心懷感激與謙卑。

課後練習

經營是價值取向，同時也是價值取捨，你在重視某些事物的同時，也在捨棄另外一些事物，短期的成功並不足恃，一旦經營者稍有懈怠，企業往往就會變成自己認不得的怪獸。

經營者，也就是老闆，真正的責任，不在於企業日常營運的柴米油鹽，而是要不斷思考自己希望將企業形塑成什麼樣子。

lesson 10

第十課

"結果"

"result

山井大介的「幾乎」完全比賽

二〇一八年，我們公司去日本員工旅遊，順便去東京巨蛋看日本職棒比賽，當天是主場的讀賣巨人隊對上來訪的中日龍隊。

中日龍隊當天先發的投手是老將山井大介，山井當天投得不好，撐沒幾局就被打下場了，最終也吞下了敗投。

對同行的同事來說，這就是個陌生日本投手輸球的比賽；但我在現場看山井投球，卻有種五味雜陳，難以言喻的情緒。

故事要從那場「幾乎」完全比賽說起。

二〇〇四年，日本棒球名人落合博滿接任中日龍監督（總教練），第一年便帶領球隊拿下了中央聯盟冠軍；可惜在日本大賽的決賽中輸給了太平洋聯盟的冠軍西武隊，未能拿下日本職棒總冠軍。

隔了一年，二〇〇六年，中日龍這一年兵強馬壯，球季中戰績一路獨走，一路殺進日本大賽，被看好能夠順利奪冠；不料在贏得第一場比賽後，球隊一路陷入低潮，緊接著四連敗給對手日本火腿隊，再次與冠軍擦身而過。

二〇〇七年，中日龍未能在球季中封王，但靠著當年引進的季後挑戰賽制度，一路連挫對手，過關斬將，最後竟然又殺進了日本大賽。

造化弄人，這一年日本大賽的對手，剛好就是前一年讓中日龍鎩羽而歸的日本火腿隊。

真實人生上演的事情，總是比電影情節還離奇。中日龍輸了第一場比賽後，竟然接著連續贏了三場，只要再贏一場，就可以重演前一年一敗後四連勝，但主客易位的戲碼，拿下睽違五十三年的日本第一。

山井從完全比賽到完全幻滅

這關鍵的第五戰，上場主投的，不是別人，就是本文的主角山井大介。

山井大介在中日龍其實並不是王牌等級的投手，但偶爾會像開外掛一樣有驚人的表現。那一個晚上，山井大介真的就是開了外掛，一路主投到第八局，對手沒人打出安打、沒人四死球、沒人失誤上壘、就連不死三振也沒有，24上24下。

沒錯，你知道的，完全比賽。

旁邊的球迷、現場轉播的媒體、還有全世界各個角落收看這場比賽的觀眾，包括在台灣透過電視關注比賽的我在內，全炸鍋了。天啊，完全比賽！日本職棒史上，冠軍賽系列從來沒出現過完全比賽，更何況是在如此關鍵的封王戰。山井大介，這位當時還算年輕的投手，極有機會在眾人的見證下，寫下一段不只空前，而且非常可能絕後的傳奇歷史。

九局上打完，中日龍隊一比零領先日本火腿隊，在眾人的驚呼下，中日龍隊的守護神岩瀨仁紀走上了投手丘，現場觀眾議論紛紛，電視鏡頭不斷轉向休息室，岩瀨仁紀不愧是守護神，唰唰唰，火腿隊轉眼間三人出

局。就在眾人還來不及反應的當下，中日龍隊拿下了渴望多年的冠軍，觀眾席拋下了彩帶，選手從休息室衝出來，監督落合博滿在投手丘被高高拋起。

這場比賽的調度，在後來，引起了各界廣泛的討論，「山井完全比賽幻滅」、「更換山井正確與否」，媒體大篇幅地報導著，三勝一敗聽牌的優勢，百年難得一見的偉大紀錄，後面還有王牌救援壓陣，是不是該讓山井大介有挑戰完全比賽的機會？

中日龍的監督落合博滿，後來在二〇一一年出了一本名字叫《統與御》的書，談到了這個名場面的調度。

決策就是做出最佳決定，從不是為了討好人用的

落合博滿在書上寫道：「我只是在某個局面下做出自己認為的最佳決定而已。」

當時的中日龍，面臨的是什麼樣的局面呢？

從二〇〇四年接任中日龍監督開始，落合博滿就已為中日龍奪回睽違超過五十年的冠軍作為最大目標。就任第一年他就率領球隊打進了日本大賽，結果三勝四敗失利，二〇〇六年，當時的中日龍戰力如日中天，結果在日本大賽以一勝四敗不敵日本火腿隊。

二〇〇七年，從當年的央聯亞軍一路力爭上游，奮力殺進了日本大賽，當時的中日龍隊，其實已經承受著非奪冠不可的壓力。

整體的局勢是這樣，那麼本文中談到的第五戰，這場比賽，本身的情況又是如何呢？

監督落合博滿的評估是：「這場比賽如果沒贏，第六、第七場比賽，回到日本火腿的主場札幌舉行，中日龍隊可能一勝難求。」

也就是說，這場比賽，非贏不可，整個冠軍賽系列，在這個晚上，就必須勝負。

到了第四局，山井的手指其實已經起水泡破皮了，流出鮮血，但還是繼續帶傷奮戰，接到報告的投手教練森繁和，抱著祈禱的心情一路看著山井奮力投球。

第八局，山井再度讓對方三上三下，換場的時候，監督落合博滿心裡在盤算著最後一局如何防守，這時候森繁和跑到旁邊跟他說：

「山井說他沒有辦法再投了。」

山井是個令人敬佩的投手，他知道如果在第五、第六局換投手，會增加牛棚的負擔，為比賽增添變數，所以他奮力投到了第八局，好讓教練團第九局可以換上王牌救援岩瀨仁紀關門。

站在同樣也曾經是職棒球員的立場，監督落合博滿當然也想看到山井創下紀錄。如果這場比賽領先三、四分，他或許會讓山井投下去，但他必須確保這場比賽的勝利、他必須帶領球隊拿下睽違已久的總冠軍，他是中日龍隊的監督。

「換岩瀨上場。」他告訴森繁和教練。

或許讓山井繼續投，山井有可能創下完全比賽，幫助中日龍封王。

沒有人能夠預測到未曾發生的事，**身為領導者，能夠做的、必須做的，是做出對眼前的狀況最佳的決定。**

決策，可能會讓某些人遺憾。

決策，從來不是為了討好不相干的人。

決策，是困難的。

「調度看的是結果，只有事實能留在歷史上。」落合博滿這麼說。

我常常反思，我自己在經營公司、做重大決策的時候，是否摻雜了太多自己感性的想法？是否下意識地只是要迎合眾人的掌聲？莫忘初衷，我的初衷是什麼？我是否已經忘了自己的初衷呢？

答案往往很殘酷。

正確的決定往往是違背人性的，這就是人生弔詭的地方。

誰不想讓自己隨心所向，跟著感覺走？誰不想一呼百應，得到他人認同？我們總是在做讓自己開心、讓別人也開心的決定；但這樣的決定最終會讓我們走到最佳的結果嗎？

這世界，往往是頑固和自我中心的人才能成大器。

上市櫃公司，市場說要有想像空間股價才會漲；所以他們美化業績、胡亂投資，最後反而把自己公司經營體質搞壞了。

新創公司，創投告訴你說產品要跟上時代趨勢、要具備獨特核心技術；於是團隊不斷推陳出新，努力在產品上體現自己的技術，也不管市場是不是真的接受這樣的產品。

傳統產業，人家告訴你要數位轉型，於是你請顧問、架網站、做行銷，努力營造出轉型的態勢，卻不知道真正要轉的其實是自己的腦袋。

我們的決策過程中充滿了各種奇奇怪怪的考量，充滿了各種Nonsense，殊不知，決策最要緊的，就是“Make no nonsense”。

十一年後，在東京巨蛋看山井大介投球，我的內心是激昂澎湃的，同行的公司的小朋友們應該沒有人知道他是誰，但我很想告訴他們，他是山井大介呢！那個在日本大賽封王戰，那個傳奇的夜晚，手指流血奮力投了八局，「幾乎」投出完全比賽的投手。

順道一提，二〇〇七年帶領中日龍奪回睽違五十三年冠軍的監督落合博滿，那年得到了正力松太郎賞，日本棒球界的最高榮譽。

課後練習

經營者有時必須做出困難的、甚至痛苦的決策，因為經營者必須為最終的結果負責。

決策，不是為了別人的掌聲。

lesson 11

第十一課

“相信”

“Believe

落合博滿與江夏豐關於演算法的兩三事

我是在做搜尋引擎最佳化（Search Engine Optimization, SEO）的，這是什麼樣的服務呢？簡單來講，就是透過長期的經營和改善網站，使得網站能夠在潛在客戶搜尋相關關鍵字詞時，能夠排名到前面，提升網站的曝光和流量，進一步爭取獲得訂單的機會。

在這個領域裡面，有一件很重要的事情，叫演算法（Algorithm）。

演算法，是搜尋引擎用來計算網站搜尋排名的一套複雜的演算邏輯，以Google為例，據說Google會參考網站裡裡外外超過兩百個以上的內容和品質要素（他們將其稱為「排名要素」（Ranking Factor）），然後透過演算法推薦搜尋結果。

演算法是許多 SEO 從業人員關注的重點，一次較大規模的演算法變動，可能會讓一個網站谷底翻身；但更常見的是網站的搜尋排名流量大幅下滑，從此一蹶不振。所以每當 Google 發布新的演算法，往往會在 SEO 相關網站、論壇引起熱烈的討論，大家戰戰競競，嚴陣以待，生怕錯失了任何要點和細節，招致無法彌補的傷害。

我也不例外。

早年我做 SEO 時，花了很多時間和心力追蹤研究演算法，上網爬文、關注論壇的討論、做出假設、內部小規模測試、調整、實施。由於 SEO 成效關係到公司龐大的業績，所以當發生重大演算法更新、公司網站排名

和流量遭受嚴重衝擊的時候，公司 SEO 團隊自我以下，人仰馬翻，不眠不休的研究如何因應調整，在忙著救火的同時，還要面對來自老闆和業務單位的巨大的壓力，痛苦程度無以復加，旁人委實難以想像。

不過，我想我對觀察演算法變化真的是有點天分的，關關難過關關過，儘管經歷了多次搜尋排名演算法的變動，但都屢屢化險為夷。雖然往往每一段時間都要痛苦一陣子，我反而因此有種自命不凡的清高。我在想，如果我繼續搞 SEO，大概就得這樣跟演算法糾纏一輩子了。

平日加強練習，優化能力資料庫

不知道大家有沒有這樣的人生經驗？不同的時期，讀同一本書，往往有不同的體會。

日本棒球名人落合博滿是我年少時的偶像，在我讀大學的時候，台灣出版了一本他的著作《勝負的方程式》。由於當時非常仰慕落合，我特別去買了這本書來看。書中有一段落合和投手江夏豐的對話，我當時雖然看了，但並沒有太特別的體悟；後來，出社會工作，搞搜尋引擎優化，經常弄到焦頭爛額，一次偶然的機會，重讀了這一段對話，當下我恍然大悟。

可以說，落合和江夏的這段對話，改變了我對演算法的態度，也改變了我在 SEO 這個領域的思維和眼界。

究竟這段對話的內容是如何呢？

一九八一年，江夏從日職廣島隊轉到火腿隊，在一次偶然的機會和落合聊起來，那時他們聊到某個打者，江夏說：

「那傢伙只要是我投球，每一球他都在預測我要投什麼球，那他不就是那種隨人出球改變姿勢的打者嗎？真是笨蛋。」

「那傢伙拚命跟我改變姿勢，沒有比這種看人出球而更換姿勢的打者更好對付的對手了。」

「沒有比守株待兔型打者更教投手討厭的了。」

「碰到非投這種球的時候，要是打者也耐性地等著這種球，這才最教人傷腦筋啊！所以呀，那傢伙是跟著我的球後面跑，實在輕鬆的很。」

聽完江夏的話以後，落合恍然大悟。

從投手的立場來看，沒有比看人出球更換姿勢的打者更好對付的對手了。

事實上，投手有種習性，就是碰到某些特別的情況時，忍不住會想投自己最拿手的球種。

當時落合還很年輕，剛進球隊第三年，面對後來成為球史上名對決的對手，阪急隊的王牌投手山田久志，往往被整得很慘。每次面對山田主投時，落合就只能胡亂猜測對手會投什麼球，但結果往往事與願違，以投手的眼光來看，落合簡直是閉眼瞎追。

由於與江夏對話得到啟發，之後落合和山田對壘時，不再三心二意變來變去了。他鎖定了山田遲早會投出來的，最擅長的球路沉球，一舉突破了先前對山田十四次打數只有一次安打的困境，最後在生涯與山田的對戰裡，留下了三成五的高打擊率。

故事還沒有完，後來落合把對付山田的新對策也用在其他投手身上，整體也留下了相當不錯的成績。

針對性地攻略重點強投是這樣，那平常如何應付各種形形色色的投手呢？

落合在他的另外一本著作《師法日本棒球名人 落合博滿 三冠王的打擊原理》裡，解釋了他的做法。落合談到，重點不在於隨著投手的球路起舞，因為實際上不可能做得到。重點在於對各種球路做好分類，找出應對之道。在平日加強練習，並且不斷地優化、充實這個球路「資料庫」。如果能在平日就做好準備工作，即使面對完全陌生的投手，也不至於束手無策。

跨界學習，往往能找到突破問題的盲點。落合針對一般投手、重點強投的對應策略，給了我很大的啟發，改變了我對演算法的應對方式，也改變了我對 SEO 領域的思維和眼界。

可以這麼說：「江夏豐的一段話，啟發了落合博滿；落合博滿的一段話，啟發了我。」

之前無日無夜追逐著演算法變化，自以為是的我，豈不就是等同於一個胡亂猜球，被投手牽著鼻子走的笨蛋打者？

演算法就如同魔法一樣，你猜的透魔法嗎？

演算法是一個不斷發展演化的東西，當你意識到現在的時候，未來

已經在發生，所以你始終說不清楚它的樣子。

抬頭仰望，演算法就如同星空一樣，你看到的星空不是現在的星空，那是它百萬年以前的樣子。

所以，

不要去猜測演算法，因為你猜不到。

不要去追逐演算法，因為你追不上。

你真正應該要做的是去設想所有可能發生的狀況，並且為各種可能發生的狀況作好準備。

並且，你必須要找出最重要的，一定會發生的事情，針對性地對它刻意練習、加強準備，然後耐心等待它發生。

擁有超前部署的思維，才能在行業中勝出

對付演算法，就跟防疫作戰一樣，重點在於「超前部署」。

「毋恃敵之不來，恃吾有以待之。」對於搜尋引擎演算法，我從被動等待它發生；變成預先做足準備。期待它發生，從惶惶不安；到從容不迫。因為思維的改變，起心動念間有所不同，最終的結果，相去十萬八千里。

長期準備、提前啟動，除了能讓我們在面對演算法變動時更自在從容外，更重要的是能讓我們從火燒眉毛解決問題的情境中抽離。有餘裕停下來思考，放寬自己的視界，拉長歷史的縱深，從單點的、技術面的探討，提升到全面的、策略性的布局，不再計較一時的賢愚得失，而把重點聚焦在如何在行業長期取得勝出。

舉一個實際的例子，在我寫作這篇文章的當下（二〇二〇年三月），

Google還是跟往年一樣有很多重大的演算法更新釋出，也照例引起了很多揣測和討論。搜尋排名本身是個零和遊戲，有些網站排名下滑了，也有很多網站排名上升。但不論是哪一種，總之網站的搜尋流量普遍是降低了。對於這樣奇怪的現象，其實有很多人心裡有疑問，但在忙著救火之際，大家都沒有心思停下來思考為什麼會有這種詭異的情形。

其實，問題很可能出現在使用者不點擊了。

如果長期關注Google發展的動態，不難發現，Google在過去幾年，一路都在往零點擊（Zero Clicks）的方向走。

簡單舉幾個例了，包括：

Google致力於讓搜尋結果頁面資訊越來越豐富，使用者搜尋完後，可能不用點擊，就已經找到問題的答案。

Google把廣告的外觀樣式，做的越來越不像廣告，使用者如果沒有特別留意，很容易就會把廣告當作是一般的搜尋結果來點擊。

Google本身跳下來經營某些行業，與各行業爭利，例如旅遊、飯店、徵才……等等。

所以，重點已不在優化單一網站的搜尋排名，重點在於如何因應Google零點擊的趨勢。找出好的對策，所以我從二〇一六年起開始研究「全版位行銷」的做法，並且具體在我們服務的客戶身上實踐，這就是我們對SEO的超前部署。

如果說，我在SEO領域還算有點成績的話，超前部署的思維，是我

能在行業勝出的關鍵之一。

做SEO，往往需要去推測演算法或排名要素的內涵，所以我曾經遇到有人很輕蔑地跟我說：「SEO就是"Guesswork（猜測）"而已！」SEO或許真的就是Guesswork，但是它的猜測，還是有分不同層次的。大多數的人真的就是盲目瞎猜，但有極少數人是Smart Guess。透過長期關注該領域累積經驗，遇到問題時潛心思考，作出假設，從中尋求對應之道。其實各行各業不都是這樣？同樣在一個行業，由於對行業的理解、做法不同，最終的成就也往往有天壤之別。

韋恩・格雷茨基（Wayne Gretzky），被譽為有史以來最偉大的冰上曲棍球選手，說過這麼一句話：

「一個好的冰球運動員會及時接住冰球。而一個偉大的冰球運動員會預測冰球的走向。」

“A good hockey player plays where the puck is. A great hockey player plays where the puck is going to be.”

課後練習

我們必須相信大多數的問題都是可以分類整理、找到對應之道的，並且在平時累積這樣的資料庫。

我們必須相信有一些重要的事必然會發生，並且提早為它做好準備。

lesson 12

第十二課

“堅持”

persist

堅持理想莫忘初衷 Moz 創辦人 蘭德・費希金（Rand Fishkin）的故事

我曾在二〇一九年八月時透過臉書簡單分享了蘭德・費希金（Rand Fishkin）的故事，當時獲得了不少迴響，甚至跨出了同溫層。費希金是著名的 SEO 軟體產品公司摩茲（Moz）的共同創辦人、前執行長、Inbound.org 共同創辦人、SparkToro 創辦人。經常在世界各地的新創和行銷活動上演說，在推特上有眾多的追隨者，作為我工作的領域（SEO）世界級的名人，他的創業和人生故事很值得說上一說，所以我決定將該篇貼文改寫成這篇文章，好好談談費希金。

費希金二〇〇一年從西雅圖的華盛頓大學輟學，原因不是要創業，而是因為跟父親鬧翻了，父親斷了金援，再加上覺得在學校沒有得到價值，還有失戀。

輟學以後，他在母親開的行銷顧問公司工作，做網站設計的工作。結果因為經營不善，二〇〇四年還不出貸款，由於銀行的借款是費希金用個人的名義借的，雖然母親有幫他跟銀行談判處理掉一些債務，但還是被討債公司追債，甚至被打過。

他在二〇〇四年開始重新出發，研究 SEO。很快地他發現 SEO 是他熱愛的東西。他在當年成立了 SEOmoz blog，後來成為 SEO 領域最受歡迎的部落格。因為部落格的成功，他和他的母親共同創辦了 SEOmoz 這家公司（後來改名為 Moz），並擔任 CEO。因為部落格的樂於分享，SEOmoz 在二〇〇五年獲得媒體廣泛地報導，成為業界知名的公司，也開

始透過承接 SEO 顧問業務站穩了初期的腳步。

二〇〇六年底，費希金和創業夥伴想到一個點子，打算開放一些專利工具給外界使用。二〇〇七年，他們開始提供線上訂閱服務，沒想到一炮而紅。第一年推出的軟體產品業績，竟然超越了經營第四年的顧問服務，於是公司決定轉型成軟體產品公司。

如果您上過我的 SEO 課，沒錯，我在課堂上介紹的 "Mozbar"、"Open Site Explorer" 等工具，都是這家公司開發的。

二〇〇七年的另一個好消息是他們獲得首輪募資一百一十萬美元，後來又陸續募資兩輪，籌得兩千八百萬美元，三輪下來，總計兩千九百一十萬美元。

二〇〇七年到二〇一四年，在成為創投支持的公司後，SEOmoz 一路順遂，迅速成為一家成功的 SEO 新創公司。每年以超過百分之一百的速度成長，也由於常年的分享演講，費希金成為了 SEO 領域的世界級名人。

為了擴大業務範圍，SEOmoz 在二〇一三年改名為 Moz，一直到今天。

一切看來是如此美好。

但美夢總有醒來的一天。

首先，算是功成名就了，但費希金並不快樂。

他遇到了技術創業者都會遇到的問題，作為一個熱愛研究 SEO 的人，他每天要花費大量的時間在公司的營運與日常應酬中；漸漸地，他失去做他最熱愛事情的機會，他變得非常不快樂。

二〇一二年起摩茲成長放緩，在經過一段特別艱困的時期之後，二〇一四年費希金退下執行長的位置，改以個人的身分參與工作（當時仍然是公司董事長）。

二〇一四年起，由於長期高強度投入工作、壓力、情緒挫折，他得了嚴重的憂鬱症。

也是從二〇一四年起，為了追求業績成長，摩茲採取多元產品策略（這段期間公司最多同時有過八個軟體產品），失去專注的同時，業績出現明顯下滑，終於面臨到二〇一六年摩茲首次，也是費希金創業以來，必須裁員的困境。

董事會決議裁掉五十九名員工，然而費希金因為堅持多給員工資遣費跟董事會鬧翻了，然後他和董事會的關係再也沒有恢復。

二〇一八年，在罹患憂鬱症的四年後，與董事會漸行漸遠的費希金離開了公司。

但費希金並沒有放棄，他重新成立了 SparkToro 公司，重新展開了他的創業冒險旅程。

接觸 SEO 比較久的朋友都知道，除了 SEO 工具，摩茲從二〇〇五年起，每兩年會出版 SEO 排名要素研究報告。每次報告一發表，都是 SEO 業界的盛事，我也曾在許多公開場合解析過他們的報告。

摩茲的 SEO 排名研究報告最後版本停留在二〇一五年。二〇一七年底時，新版的報告遲遲不發表，當時我就覺得事情不對，後來果不其然，費希金二〇一八年離開的公司。新的經營團隊比較務實（功利），直接在年初發新聞稿說，他們不打算再出版搜尋排名要素研究報告（原因八九不離十是因為不賺錢）。

當時已不在摩茲的費希金聽說了這個消息，在推特上發文，說他打算想辦法自己做。

這件事，我當時在臉書上有提過。

二〇一九年八月，離開摩茲重新創業的費希金，真的信守承諾，又做出了SEO排名要素新版的調查結果，名稱叫"Google Ranking Factors 2019: Opinions from 1,500+ Professional SEOs"。

認真說，我個人覺得這版本的排名要素研究報告比Searchengineland的元素週期表具體實用，同時也超越了之前摩茲的報告。

創業要做自己喜歡的事，但又不能只做喜歡的事

費希金的故事說完了，跟所有寓言故事的結尾一樣，最後我們總會問：「這個故事告訴我們什麼？」

一、創業就是要做自己喜歡的事，然後不能只做自己喜歡的事。

創業以理想為終點，但卻以現實為起點。

絕大多數成功的創業都是無趣的。

創業者當然要做自己喜愛的事，事實上，**熱情和執著是極其重要的資產，可以幫助創業者走過初創階段的千辛萬苦。**

但創業者一旦在小規模經營上站穩腳步，便要調整重心，聚焦在對組織發展真正重要的事上，而這些重要的事情，往往不是創業者喜愛做的事。

關於這一點，創業者最常犯的兩個錯誤：

❶抓著自己喜愛的事情不放，讓自己成為組織成長的瓶頸。

創業者往往只埋首於自己喜愛的工作，而不願意面對自己陌生的、不感興趣的工作，這種傾向如果在自己喜愛的工作恰好正是自己擅長的工作時尤其嚴重，誰願意去觸碰自己不喜歡的、甚至感到棘手的工作呢？

然而，我們必須對自己思考的誤區有所警醒：「一家企業的成功，是在於它做正確的事，而不是在於做它喜愛的事。」

抓著自己喜愛的事情不放，除了付出該做的事情沒做的代價外；另外一個衍生的問題是如果沒有人來接手做創業者初期在做的事，那就意味著組織的成長停滯。

❷創業者把公司核心的功能委由他人負責

創業者當然不需要懂所有的事（實務上也不可能），但這不意味著創業者就應該把公司核心的工作一古腦兒丟給別人管，這麼做的下場通常就是沒辦法把事情做好。

創業者不需要真的去做這些事，但必須要了解這些事情怎麼做。二

○一四年，摩茲走了第四位技術長，費希金對於當時的執行長莎拉・博德（Sarah Bird）自己帶領技術團隊，不再招募技術長很不諒解，博德反駁說如果不深入了解技術人員的工作內容，他沒有辦法找到合適的技術長。

事後證明博德是對的。

二、創業者必須做好心態調適

「創業做自己喜歡做的事」，本來就是不切實際的幻想。

創業者必須理解，一旦經營公司，裡裡外外要忙的東西太多，現實上很難只做自己想做的事情，所以創業者心態必須要改變，從「我想做這個工作」變成「我想看到自己創造的東西改變世界」，只專注自己擅長的領域而沒有辦法取得新專長，很難撐起一家新創的公司。

遠離舒適圈，做擅長和有貢獻的事

我說說自己的例子。

二〇〇九年，我剛創業時，有一次去會計師事務所談事情，會計師問了我一兩個財務面的數字，我一時間不是很清楚是多少，結果會計師用很輕蔑的語氣說：「你開公司最好要清楚這些東西，不然公司很難走的遠。」

當下我覺得很不舒服。

不過，我學著把情緒和事情分開，後來就特別注重財務這一部分。十餘年過去，我雖然對公司財務管理知道的還是十分有限，但是至少懂得基本的原則，我的公司也一路存活到今天。

然後，幾年前我們換掉了會計師。

三、創業路上有起有落，要時時刻刻記得整體性地去檢視自己該堅持的是什麼。

你，為什麼要創業？

除了個人的理由外，你想為世界帶來什麼樣的改變？你叫它價值（Value）也好、任務（Mission）也罷，或者稱之為願景（Vision）也行得通。無論是什麼樣漂亮時髦的管理名詞都無所謂，說穿了，就是你想透過你的產品和服務，給人類的工作和生活創造出哪些福祉，做出什麼貢獻？

創業的過程中，人算不如天算，有可能在走了一段路以後才發現客戶和市場並不是我們當初所想像的那樣，所以在產品或商業模式上出現轉型（Pivot）是可能的，有時甚至是必要的，但是要注意到兩件事：

❶轉型不能作為決策輕忽草率的理由，更不能作為背棄投資人的藉口。

創業者雖然不能料到所有的事，但一定要盡己所能去了解客戶、評估市場。尤其是拿了投資人錢的時候，一聲「轉型」說來容易，但背後可能意味著先前的成果歸零、先前的經驗教訓作廢、先前的努力白費、先前的投資血本無歸。作為一個負責任的創業者，不能只是透過拋出一個漂亮的名詞就企圖卸下自己的責任。

我以前念 EMBA 時的教授說得好：「人不要騙自己。」

❷轉型有所變、有所不變，產品服務可能改變、商業模式可能會翻

新，但是一開始的目的呢？

費希金二〇〇四年創辦摩茲的時候，是希望讓行銷人員能夠更便利、更有效地完成工作，一開始他公司提供SEO的顧問服務，也賺了一些錢；但他後來在二〇〇七年推出SEO訂閱服務時發現軟體產品基於規模化和獲利率的重複模式更能讓公司成長。所以決定讓公司轉型為以產品為主，產品變了、獲利模式也不同了，但幫助行銷人員做好工作的初衷卻是不變的。一家公司在成長的過程中、在市場嚴酷的競爭和淘汰下，該選擇變什麼、不變什麼，在在都考驗著創業者的智慧。

還是回來以我自身做例子。

我在創業初期，做的是網路購物，整體不好不壞；雖然沒有賺到錢，至少也沒有淪落到傾家蕩產的地步。或許多撐個一兩年，就比較能看到獲利了。那我為什麼要轉型改做專業服務呢？

主要的原因有兩個。

第一個原因是我自己評估如果繼續做網路購物，我不過就是「又一家」網路商店而已，我沒有辦法做得比別人突出（至少在當時是這樣）；但是如果聚焦在行銷，尤其是SEO，我有信心做到業界很頂尖的程度，也就是說，我能做好這件事。

第二個原因是我覺得我出來教課做行銷，可以為這世界帶來的幫助和貢獻，遠比我做網路購物要大的多（這只是針對我自己個人的評估）。

所以我選擇轉型，我整個業務都改變了。一直到今天，我家房間裡還是堆著一大批沒有繼續上架銷售的存貨。損失當然是有的，但我不後悔，因為我沒有忘記我當初創業的初衷。更精確地說，我在轉型的過程中，找回了當初創業時充滿熱切理想的自己。

我想跟你分享的是：「**遠離舒適圈吧！用更嚴苛的標準來檢視目前的工作，如果你不喜歡現在的自己，那就勇敢去嘗試不同的可能性，不要跟自己妥協。**」

謹以此文，向蘭德・費希金致敬，願每一個在創業路途上的人，都能堅持理想，莫忘初衷。

課後練習

創業可以從自己喜愛的、又做的好的事開始，再加上一些自己的理想；如果能夠一開始賺到點錢那就更好了。但你不能一直停留在原地，你必須去做、去學習那些你原來不擅長的、害怕的、甚至是感到深惡痛絕的事。你必須要明白：創業不是讓你開心用的，如果想開心，上酒家卡拉OK還比較實在。

創業有起有落、有捨有得，最終的風景跟出發時預想的風景可能完全不一樣，也有可能根本沒機會看到最終的風景。無論好壞、成敗，在轉型不轉型、變與不變之間，最重要的是記得一些該記得的東西，堅持一些該堅持的原則。這些該記得、該堅持的可能是夢想、承諾、感動、友誼、信賴，或者任何一個在你生命之中至關重要的東西，用一句簡單點的講法，叫「莫忘初衷」，然後忘掉名譽、地位、金錢、短期致富這些眾聲喧嘩的事物吧！它們不見得是什麼壞東西，只不過它們其實是你創業路上意外獲得的獎品，而不是最終的目標。

商業篇

lesson 13

第十三課

“本質

“Nature

電子商務 問題從來不是電子而是商務

二〇〇九年，我辭去上班生涯最後一個全職的工作，設立了現在經營的公司。

一開始，我並不是像今天這樣以講課和接案為主，我是做電商，批一些貨放到網路上賣，講白話就是做網拍。

朋友介紹一家中部做襪子的公司給我，這家公司品牌、代工、內銷、外銷都做，在業界頗有名氣，我打算去跟他們批一些襪子來賣。

老闆一見到我，當時剛認識不熟，稱呼我連先生，他問我批了他的襪子，打算怎麼賣？

我花了三十分鐘跟他說明我打算怎麼在網路上幫他賣襪子，他面帶微笑，靜靜地聽我講，等我講完以後，他開口跟我說：

「連先生，很多人來找我合作，我都不想跟他們合作，因為我對他們不放心，但我剛剛聽你講話，覺得你這人很誠懇，所以我願意跟你合作。你不要來經銷我的襪子啦！你一個月能賣多少業績？二十萬？三十萬？我又不差你一個經銷商！要不這樣好了，我剛好想做電商，你來當我顧問，看我們怎麼合作……」

我人生第一個傳統產業轉型電子商務顧問案，就是這樣來的。《東京愛情故事》的主題曲叫《突然發生的愛情》，那大概就是我當下的感覺。

實體商店都賣不好，丟上網路會更難賣

後來我了解到，我這家客戶之所以會想轉電商，當然也是有許多原因的。其中兩個重要的原因，一個是他們近年在外銷接單上，時常面臨大陸、東南亞的低價搶單競爭，屢屢遭到挫折，非常辛苦。第二個原因，是那幾年，台灣本地有許多新興的網路襪子品牌崛起，而這些新興網路品牌很懂得做網路行銷，所以幾乎席捲了整個市場。不諱言，我的客戶作為一個幾十年的老品牌，忽然被彎道超車了，難免有些眼紅。

所以兩事作一事，老闆想從網路找突破口，一方面透過網路加強外貿接單，一方面開始進入台灣本地的網路購物市場。

誠如我先前說過，能夠得到這天上掉下來的顧問案，對當時自己在創業初期，經營得很辛苦的我來說，真是像突然發生的愛情，所以我格外珍惜這樣的機會。我前前後後擔任了這家公司四年的顧問，在這四年期間，我非常用心，把我當時所會的網路技能，包括網站企劃、SEO、關鍵字廣告、網路活動、數據分析……能想到的大概全都用上了。客戶的內外銷網站做好了，人員開始招募進來給我訓練，團隊慢慢建立起來，當然也在網路上有了些業績，老闆曾公開、私下說過好幾次：「啓佑是我電子商務的恩人。」

題外話，像這樣跟台灣廠商的互動，其實後來在我講課和顧問的生涯中，一直不斷出現；而這也是我一路以來，雖然經過很多失敗、挫折、不愉快，但始終不願意放棄幫助台灣廠商的原因。透過幫忙他們，我知道我對這個世界是能有點貢獻的，而這一路以來，真的發生過非常多令人感動的故事。

話說回來，這個顧問案，整體並不算成功，因為在我四年的顧問期滿為止，這家客戶電子商務方面的業績始終沒有太大的突破。

我試了很多方法，找了各種原因，也跟客戶幾次深談過，到最後，幾乎喪失了信心。

那是一種很無助的感覺，你不知道問題在哪？就彷彿陷在泥淖之中，愈是用力卻反而陷得愈深，想伸出雙手在黑暗之中抓住一些東西，卻發現空蕩蕩的什麼都沒有。最後只剩下用力大喊嘶吼，發洩情緒也好、證明自己的存在也罷，反正總是想辦法做出一些改變，然而卻發現就連聲音也被黑暗徹底吞沒了，一切消失在無止盡的絕望中，無聲，而絕對的……

最終，我幾乎是以喪家之犬的姿態結束了這個顧問案。

雖然沒有幫助客戶創造佳績，但這個顧問案，到了後期，我們還是慢慢發現了一些事情。

我們發現的事情就是，這家客戶，他們所生產的傳統絲襪、棉襪，在外銷報價時，始終被價格較低的大陸、東南亞廠商打得很慘，近幾年幾乎沒有接到什麼訂單。但他們有一種特殊用途的襪子，叫作「壓力襪」，這種壓力襪，是一種很特別的襪子，原理是在足踝提供最高壓力，然後順着腿部逐漸向上遞減，讓下肢的靜脈血液能從腳底往上回流至心臟，減低下肢靜脈及靜脈瓣膜所承受的壓力。一般這種襪子是用來預防靜脈曲張和足部青筋的，很多久站族，例如講師、櫃姐……都會買來穿。我的這家客戶，無論是做壓力襪的設備、技術，當時都還領先大陸五年左右，生產出來的襪子品質也比大陸廠商做出來的明顯要好的多，所以每次到最後，真正接到單的，都是這種襪子。

我慢慢體悟到一個道理：**很多人想做電子商務，但他們往往有一個很大的迷思，以為把自己在實體零售賣得不好甚至滯銷的商品擺在網路上買，就可以找到新的客群，得到新的銷售機會，殊不知你的東西如果在實**

體世界不好賣，放在網路上也不會自動變得好賣。

我這樣說或許還是太保守客氣了。確切點，應該這樣說：**你的東西如果在實體世界已經不好賣了，放在網路上只會變得更加難賣。**

這牽涉到傳統產業轉型電子商務的另一個很大的迷思：我們以為網路上賣東西比實體世界容易，其實真相是在網路上賣東西，比實體還難。

為什麼這樣說呢？第一個原因是「成交率」。實體的店面，客人走進店裡，十個人總會有一、兩個買東西，成交率是10％。網路上是多少呢？平均大概只有3％左右，而這還是指B2C網路購物，若是B2B的生意的話，比率還要更低。

另一個原因是實體店面有店員，店員可以接待客戶，可以察言觀色，可以解答客戶疑問，可以處理突發狀況，可以針對客戶不滿加以補救，可以視需要給客戶一點優惠和贈品……總之，店員可以竭盡全力施展各種手段促成交易，在實體世界是這樣，網路上呢？客戶如果不買，掉頭就走，由於網路的匿名性，你連他是誰都不知道，甚至，你連他有來過都不曉得。

在領悟了以上的道理後，在我擔任這家企業顧問的最後半年左右，我們在經營策略上做了根本性的調整。我們不再以為把所有的產品上架到網路上就是在做電子商務了，漸漸地，這家客戶，從什麼襪子都賣，轉變成以賣壓力襪這種特殊襪子為主。無論是產品的展示或者行銷宣傳，都從以前的散彈打鳥，逐步聚焦到壓力襪這項產品，並以此開發推廣衍生的商品，從利基市場出發，慢慢重新站穩了腳步。

傳產轉型的關鍵：不只是數位力，還有核心競爭力

以上是我二〇〇九年第一次擔任傳統企業數位轉型顧問的大致經過。當時主要的任務是幫我的客戶轉型做電子商務，十年過去，隨著顧問經驗的累積，再加上在業界長年演講上課，與廠商分享互動，我對於傳產數位轉型的理解和體會與當年相比也不可同日而語了。多年後回頭看前塵往事，只覺得當時自己實在太年輕識淺，欠缺經驗，我天真地以為懂一點網路行銷，就能夠幫客戶解決問題。但事情完全不是我想的那樣，由於有了後見之明，前一陣子，天下雜誌出版新書《航向藍海》，邀請我寫推薦序，我寫了這麼一段：

「關於電子商務（e-Commerce），很多企業都認為自己的問題在於不懂e（電子），殊不知他們真正的問題往往出在Commerce（商務）」。

「企業往往沒有意識到：真正的問題，不在通路推廣，而是自己的

商品服務已經隨著外在環境的改變失去競爭力了。」

由於對於數位工具的不熟悉不理解，傳統產業在數位轉型（包括進入電子商務領域）時往往戒慎恐懼。花了很多時間和金錢到業界上課學習，甚至聘請顧問，他們下意識地以為，只要自己能補足數位這一部分，或者找到好的委外團隊配合，在數位轉型的工作上，就可以從此一帆風順。殊不知他們這樣的想法大大地錯了。傳產數位轉型，對於數位的不擅長，只是問題的環節之一，很多時候，甚至不是最重要的環節。那問題真正的核心在哪裡呢？除了數位的工具的缺口外，台灣的傳統廠商，很多由於長期做內外銷代工，做 B2B，做 OEM、ODM 的生意，他們的業務型態，只要按照買家的需求製造生產、出貨即可。長此以往，他們對市場的脈動沒有掌握、對於消費者不理解、對於新技術沒有跟進，最後就是全盤喪失了產品和服務的競爭力。然後有一天，他們赫然發現，中國大陸、東南亞，乃至於其它開發中國家的供應商，能夠做出跟自己差不多，甚至更好的東西，而且價格還比較便宜！而買家的訂單不知何時，已經悄悄地改下在競爭對手那邊。

我想說的是：「如果企業自己的商品服務失去競爭力，顧問幫不了你，網路幫不了你，政府當然也幫不了你。」

天助自助者，我的這家客戶，雖然在轉型的過程中一路跌跌撞撞，不斷地嘗試錯誤，然而由於堅持不放棄，最終他們終於找到了一條比較可行的道路。他們以壓力襪為起點，不斷研發新產品，同時秣馬厲兵，持續地加強網路上的行銷推廣能力，終於摸索出屬於自己數位轉型的路線。

半年前，我在台北上完課，搭高鐵回台中，在高鐵站碰巧遇到這家公司老闆和他女兒，大家站著小聊了一下，他們還邀我有空回他們公司坐坐，感覺他們這幾年經營得不錯，真心為他們感到開心。

課後練習

我與故事中的客戶素昧平生，第一次見面，當時也完全沒有顧問經驗，但因為真誠分享，贏得客戶信賴，意外得到了人生第一個電商轉型顧問案，從此為自己的人生開啟了新的可能性，這件事使我深深體會到：「褪去華麗的包裝和外表，商業的本質，無非是信賴而已，這也成為我日後經營事業的準則。」

我在這個顧問案犯的錯誤，是單方面重視數位行銷與推廣，忽略了商品本身的競爭力才是核心。事實上很多傳產因為對數位不熟，所以以為數位轉型的重點在於熟悉數位工具，結果花了許多時間接觸和學習，殊不知其實他們的商品往往也在時代的變遷中失去競爭力了。後來我拜讀菲利浦．科特勒《行銷4.0》一書，科特勒提到傳統行銷整合數位行銷的概念，科特勒提到：「數位行銷並不會取代傳統行銷。在企業和顧客互動早期，傳統行銷在建立品牌知名度和引發對品牌的興趣上扮演了主要的角色。隨著互動進行，顧客要求與企業發展更進一步

的關係，數位行銷就愈來愈重要。數位行銷最重要的角色是驅動客戶採取行動和倡導。因為數位行銷比傳統行銷更具說服力，所以傳統行銷的重點在啟動顧客互動，而數位行銷則在產生結果。」

科特勒這段振聾發聵的文字，與我在本文分享的觀念若合符節，當時我看到這段文字，想起當年的往事，不禁掩卷浩歎。

lesson 14

第十四課

"心態"

Mentality

弱小和無知不是生存的障礙 傲慢才是

我有一個傳產的客戶，家裡的二代，他們家是做禮贈品印刷外銷B2B的，也就是大家常聽說的OEM、ODM。早期他們公司接過迪士尼、沃爾瑪的訂單，在最輝煌的時候，曾經進入產業前十大。

之後因為產業沒落，大陸及東南亞業者的競爭，再加上經濟持續不景氣，他們公司的業績直直落，這幾年幾乎接不到什麼單。

二代覺得家裡經營方式需要突破，但是自己缺乏相關的知識準備，於是很認真地到業界上課，甚至跑去某科大上 EMBA 班。後來他們教授請我到他們班上演講，他聽完我演講後，覺得我有點到一些家裡問題的核心，於是請我到他們家族的公司當數位轉型顧問。

公司的老董，也就是我這位客戶的父親，一直活在過去的榮光裡。面對公司逐年下滑的業績，老董一開始不信邪，覺得都是屬下的問題；於是每兩、三個月就來個人事大搬風，經營團隊換了幾輪之後，業績始終上不來。最後來終於想開了，打算另謀出路，主要的策略有兩個：

一、以前接外銷印刷訂單，現在改接台灣本地市場的印刷訂單試試。

二、試著賣健康零食看看（老董有些國外的貨源）。

電子商務是傳產振衰起敝的良藥嗎？

回來說說我客戶的公司，或者說台灣的印刷行業，究竟面臨什麼樣的困境呢？

我具體舉兩個例子。

第一個例子，在我這家客戶開始承接台灣本地印刷訂單的初期，我剛好有另一家客戶，是做網購服飾品牌的，他有一個產品的包裝要設計印刷，另外也需要做一些小加工；因為知道我有做印刷的客戶，我這位做服飾的客戶跟我說：「連老師，不然您介紹我們雙方認識吧！既然是老師的客戶，我們一定信得過，只要沒太大問題，我們這個單就給他們做了。」

能夠幫自己的客戶彼此之間促成合作，當然是一件好事。我興沖沖地打電話聯絡，介紹雙方認識，我心想雙方之後應該鐵定成交了，再加上自己工作繁忙，也就沒有特別再問後續。

過了一陣子，我跟做印刷的客戶開會，忽然想起這件事，我問後來雙方怎樣了，印刷二代跟我說，他們跟我服飾品牌的客戶確實有見到面，也報了價，只是不知道為什麼就沒後續了。

我帶著滿腦子疑惑，過了幾天，換成跟服飾品牌的客戶開會，我當面問做服飾品牌的客戶，究竟是發生了什麼事？

做服飾品牌的客戶苦著臉，一臉無辜的樣子，跟我說：「不然我跟老師說說情形，聽完以後，如果老師您覺得我的決定不對，您盡管罵我吧！」

原來我這家做服飾品牌的客戶收到做印刷客戶的報價，覺得有點偏高，於是上淘寶找大陸的供應商詢價看看，對方傳報價單過來，服務內容、品質或許比我印刷客戶提案的差一些，但老實說沒差太多，可是大陸廠商的報價，卻只有我印刷客戶報價的六分之一。

對，你沒看錯，六分之一。

我啞口無言。

接著講第二個例子。

在我擔任這家印刷客戶的顧問初期，他們有加入一個知名的 B2B 外貿平台。這家外貿平台，確實有不少台灣企業透過它成功接單，年營業額破億的我知道的就好幾家，這家客戶當然也滿懷期待，於是編列了預算，想要好好經營這個平台。

這家 **B2B** 外貿平台的年費大約是新台幣十五萬，但並不是這樣就結束了，十五萬會員年費，只是取得平台上架產品、接單的資格，意思就是讓你把店開起來，可是沒有客人怎辦？得花錢買廣告，或者再付費升級成更高等級的會員，以便買家找尋產品和供應商時你能排在前面，林林總總加起來，台灣廠商投資這個平台，少則一年三、四十萬，多則一年七、八十萬，甚至上百萬的也不罕見。

我這家客戶，算是中度投資，一年花費約四十萬，經營了三年，每天上班下班、加班熬夜，上下架產品、更新資訊、回覆客戶詢盤，忙得不可開交，也去外面上了很多相關的培訓課程，就這麼努力了三年，花費了百萬以上。

三年來，接到了一張單。

這唯一的一張單，是他們去海外參展，在攤位上認識的西班牙客戶。這家客戶回國後，上網找不到他們公司，於是改透過他們加入的外貿B2B平台找到他們。嚴格來說，也不是從平台來的客戶。

第四年要跟這平台續約前，二代跑來問我：「老師，還要不要跟他們續約？」

我問他：「這三年來，你們接了幾張單？」（其實我知道，我明知故問。）

「一張」他說。

「那答案很明顯啊！」我笑著說。

很多傳產，生意變差時，就想到要做電子商務，殊不知你的東西如果不好賣，放到網路上也不會變得好賣，B2B 或 B2C 都一樣。

我在業界有講授一門「傳統產業如何進入電商領域」的課，在某一次教授這門課程的時候，我談到了這個案例，後來課程結束後，我收到了其中兩位學員的回饋。

第一位學員的回饋：

謝謝老師的用心及熱心分享。

在 x 月 x 日，第一堂課的「傳統產業進入電商領域」，這個大震撼，整整讓我放下遺憾及愧疚。

當時，我們投入 x x 平台，那一年，不間斷地報價，但最終還是一張訂單也沒拿到。

當時一直覺得，是不是有自己能力有問題？但事實上，是我們產品在價格上，早已大輸大陸和印度。了解公司能力及市場調查，是如此重要及必須。凡事不是「賺到」，就是「學習到」。最重要是，我們得行動及不斷地嘗試。

第二位學員的回饋：

我們公司是做汽車電子改裝產品的製造商，目前有自己的品牌，但主要營業額來自OEM、ODM。之前曾經在ｘｘ平台將產品上架，因為狀況與老師描述的那間印刷廠相同，單價高，不具競爭力，去年就將ｘｘ平台停用了。

我常講的：「電子商務，問題不在電子，而在商務。」

很多台灣企業，就像本文這家企業一樣，活在過去的榮光裡。早該轉型了，沒轉型。等到意識到周遭環境出現變化，已經慢了，遲了，被時代遠遠地拋在後面。

經營企業，不容一分一秒的懈怠。

雖然慢了、遲了，終究知道要轉型了。本文這家企業的老董，終於決定動起來，但企業要轉型，不是你想動就動，腦子裡的東西要先改變。

轉型做國內印刷市場，也就罷了，畢竟還是與本業相關。轉型健康零食，畢竟是經營新的業務，這時候病急亂投醫，找了一些牛鬼蛇神的業者來幫忙，一下子說要跟大陸的微商合作，一下子說要成立經銷體系，一下子又說要找找某一家八竿子打不著關係的業者合作，一下子又說要找哪一家據說選舉幫某個奇蹟創造一股政治潮流的候選人造勢的幕後團隊合作（天曉得是不是真的）。只要人家簡報做得漂亮，餅畫得夠大，就亂砸錢買個希望，結果當然是一場空。

那段期間，我結束了這家企業的顧問，神仙難救無命客，句點。

包括本文的二代在內，他的幾個小孩規諫他，他不聽；後來家中老大的二代急了，自己跳下來幫忙，他覺得自己小孩不聽話，什麼資源都不給。

練習跨界運營並創建獲利新模式才是解方

二代的小孩，逼不得已，自己去外面開了一家公司。

二代開了公司，如果接到國內印刷的訂單，回來一樣公司對公司報價。透過網路賣健康食品，一樣公司對公司拿貨，家裡的公司還是要賺一手。你的家人，往往是傷你最深的人。

二代很辛苦地熬了兩年，有問題常來找我，想做一些行銷，沒有預算，我跟他說：「沒關係，你好好做，老師盡量幫你。」

一開始，我告訴他：「你對印刷很熟，先靠這個創造收入，來支持你健康零食這個部分。你在線上賣健康零食，問題不在對網路行銷的操作不熟，畢竟這個部分老師的團隊可以幫你；你的問題在於做慣了B2B，不理解消費者。所以第一年，無論消費者問什麼問題，你都要努力回、努力解決，無論消費者下什麼單，買一包、兩包也好，你都要用心出貨。」

二代回去，聽話照做了一年。

第二年，他來找我。我跟他說：「你國內印刷、網購健康零食各自獨立經營了一年，辛苦你了。接下來老師要請你把這兩件事結合在一起看看。剛好要過年了，你就推個年節健康零食禮盒試試看吧！」

二代回去照著執行，今年（二〇二〇）年初，健康零食網購這項業務，創下了成立以來，首次單月七位數的訂單。

但他不是很開心，又來找我問問題。他說他懷疑他現在根本沒有做對方向。

「開什麼玩笑，你業績才剛創下歷年新高呢，你會不會想太多啊！」我說。

他打開筆記本，筆記上寫滿了他這陣子上課記的一些重點。他說他不知道接下來要怎麼做，才能做到筆記上說的那些東西。

我說：「你就是上太多課了，那我這樣問好了，你年初業績不是剛創下歷來新高嗎？那你說說看你是怎麼做到的？」

二代頓時語塞。

我笑著說：「你要記得，失敗固然要知道原因；就算是成功，你也得找到原因。失敗找原因，是避免日後再犯錯，逐漸提高成功的機率；成功找原因，是要複製好的經驗，同時學習較佳的決策方式。」

「不過，我還是具體說說你這個案子，老師是怎麼引導你的吧！首先，單論印刷接案和線上銷售健康零食這兩件事，你一定都不是最好的，但要同時能做這兩件事，那恐怕也很少人能做到了。老師要你把這兩件事情結合起來，做一個兼具兩者的業務『健康零食禮盒』，這就叫『跨界』。再來，印刷接案客單價高，缺點是每個案子都是客製，沒有辦法規模化；

而反過來，網購健康零食單價太低，雖然可規模化，但不知道你還要後續投入多少資源。老師要你結合兩者做年節禮盒，其實是為後續做準備。真正是要把健康零食做成企業禮贈品，這叫『量化客製』。再者，為什麼要你經營健康零食網購呢？因為不管你過去一年賣得好不好，總是在市場上打出了品牌知名度了，接下來你透過你的品牌，開始進入健康零食企業禮贈品市場，這是很有說服力的事情，這就叫『B2C2B』。從 B2C 大眾消費市場，回攻你熟悉的 B2B 市場。『跨界』、『量化客製』、『B2C2B』三板斧，是老師我幫助許多 B2B 企業數位轉型的藥方，所以你接下來應該這樣做……」

跟二代談完後，二代豁然開朗，跟我說：「老師謝謝你們團隊這麼幫忙我，不然我走不到今天，我回去會繼續努力。」

我笑了笑：「天助自助者，就因為你努力，老師，還有世上的許多人，都願意幫你。」

課後練習

傳產數位轉型時面臨的重大問題：

❶沒有意識到公司本身已逐漸喪失，活在過去，缺乏危機意識。

❷領導者不願意面對現實，把業績衰退、挫敗歸因在幹部身上。

❸轉型求速成解方，胡亂嘗試，沒有靜下心來思考如何進行。

比較正確的數位轉型作為：

❶意識到公司危機，用心學習，並展開行動。

❷積極理解原本不熟悉的消費者市場。

❸善用跨界、量化客製、B2C2B三大策略。

lesson 15

第十五課

務實

Pragmatic

做好網路行銷的條件

二〇一九年年初，台南有間科技大學找我去上課，教的是 Google 關鍵字廣告。也不知道主辦單位內部是怎麼溝通協調的，反正聯繫的人跟我說：「可以順便教學員考證照」，於是乎我就信了。我準備了兩天內容十分紮實的 Google 關鍵字廣告認證課程，滿懷期待地搭車南下上課。

既然是認證班，顧名思義，那就代表來上課的學員原本就應該要有一些關鍵字廣告的基礎。等到一開始上課，一問之下，我整個人矇了，來上課的學員，數位程度完全不是預期的樣子。

對關鍵字廣告完全沒基礎不說，有很多學員，平常甚至都很少上網，對網路行銷一點概念也沒有。

誤會大了。

其中有一位大姐，後來我了解了一下，他平常唯一的網路應用，就是他有在用 Line 聊天而已。

這下子我算是被逼上梁山了，無奈之下，我只能硬著頭皮使出渾身解數，一邊從最基礎的觀念教起，一邊講解證照考試的重點。兩天的課程下來，搞得我滿頭大汗，筋疲力盡，比平常教一個禮拜的課還累。

有趣的是，後來，我私下了解了一下，來上課的學員，竟然有人真考過了關鍵字廣告的證照，因為達成了如此不可思議的成就，那一陣子，我還真有點小小的佩服自己。

找到對的方向做事

閒話休提，前面講到只用過 Line 聊天的那位大姐，雖然對網路行銷一竅不通，不過這位大姐也真令人佩服！兩天、十二小時，過去從沒接觸過，對他宛如天書一般的課程，他竟然還是很認真地聽課，全程跟著上完了。

課程結束後，大姐開車載我去台南火車站搭車。一路上閒聊，我問大姐是在做什麼的，大姐跟我說，他老公是三十幾年前某一屆的台灣烏龍茶冠軍茶得主，兩夫妻做了一輩子茶葉相關的生意，現在年紀大了，改在台南市開手搖飲料店。

「不過生意不太好！」大姐神色嚴肅地說。

因為店面剛開張，沒有客戶基礎，加上也不懂網路宣傳，所以門可羅雀，經營起來格外辛苦。

這也是大姐跑來上網路行銷課程的原因，想找突破點。

「手搖飲料店啊！」我一邊看著窗外，欣賞著台南市區的街景，一邊漫不經心地跟他說：「那你知道『Google 我的商家』嗎？回去可以了解一下，你要好好做這個喔！很有用。」

大姐載我到車站，下車前彼此加了 Line，互道珍重，我們短暫的邂逅也到此為止。

半年後，也就是二〇一九年七月，大姐傳 Line 訊息給我，說他們夫婦有一些合作的想法，想找我聊聊。那段時間我剛好在高雄有課，於是我就在高雄課程結束後搭火車到台南，搭計程車繞到大姐的手搖飲料店坐坐。

到了大姐店裡，大姐正在忙，一看到我，滿臉堆著笑，手腳俐落地做了一杯飲料給我，遞到我面前，然後開口說：「老師，喝完飲料，覺得好喝的話，記得幫我拍照上傳，順便寫個好評喔！」

我一邊坐在店門口喝飲料，一邊等他老公回來，忽然我發現店裡客人來來往往，生意竟然相當不錯，我不禁好奇了起來，之前不是說沒客人嗎？我問大姐，怎麼生意突然變得這麼好？

「老師您不是說要做『我的商家』嗎？」大姐笑著說。

我驚訝到下巴差點沒掉下來。

當時在車上，我只是跟大姐簡單提了一下「我的商家」這件事。雖然我並非空口白話，而是基於我的經驗和判斷給出了建議；但我內心其實沒有期待大姐會有任何回饋。沒想到大姐真的把我的話聽進去了，而且還放在心裡，認真照做了！我深入了解了一下，大姐其實沒有接觸過「我的商家」，也沒有上過相關的課程，當然更沒有自己深入鑽研過。他對「我的商家」的理解，除了一些基礎的設定外，就只有加強網友對商家的評論。而他的策略也十分簡單，就是客戶上門買飲料時，額外贈送他們一杯小杯飲料，然後請他們拍照上傳，寫上幾句好評。

沒錯，就是剛剛我一上門，他對我做的事。

到我那天去拜訪他們為止，大姐的我的商家，已經累積了兩百多個好評；然後，短短半年時間，他的手搖飲料店，生意開始好了起來。

而距離我現在寫這篇文章的時間，二〇二〇年五月，又過了十個月，目前大姐的手搖飲料店，已經累積了將近六百個好評。

一年半的時間，六百個好評，你怎能不佩服大姐的決心和毅力？

我在業界教課、當顧問，與非常多的企業接觸互動，聽過、看過無數的企業興衰起落。簡而言之，算是閱人無數、處變不驚了；但大姐這間小小的飲料店，這段小小的故事，相較於眾多波瀾壯闊的商業案例，卻意外地讓我有十分特別而深刻的感觸，我甚至願意在這本書裡，透過這一篇文章，詳實記錄下這個故事。

大姐手搖飲料店的故事，除了再次驗證「我的商家」真的有用，對於如何做好網路行銷這件事，也給了我很大的啟發。

「浮躁、只談概念、不做實事。」是現今許多做網路行銷的人普遍的通病。許多人做網路行銷，往往不肯腳踏實地，往往都在追求一步登天的機遇。於是今天一個手法，明天一個技巧，後天再來一個模式……我們不斷地追逐時髦而聳動的名詞，我們輕信一些似是而非的說法，我們壓寶某個新鮮獵奇的玩意，我們將時間、金錢、希望投注在許多花巧、似是而非的事情上，然後雙手合十，寄望奇蹟出現，殊不知奇蹟之所以被稱為奇蹟，就在於它幾乎不可能發生，然後我們就在一次次的期望與落空之間，平白蹉跎浪費了自己寶貴的光陰。

而我們的這位手搖飲大姐，他不一樣，他很務實，也很努力，他所欠缺的，僅僅是一個正確的方向而已，而這個方向，我在坐車跟他閒聊的過程中，無意間告訴了他。

用心並堅持就會贏

且容我在此先把大姐的故事打住，再繼續往下講之前，我來說說另一個網路媒體老闆的故事。

這位老闆經營的媒體，早年在該領域裡引領風騷，執業界之牛耳，是一個相當有份量的媒體。老闆自己也經常登上報章雜誌，算是當時一個成功的網路創業家。由於嫻熟網路，他也對 SEO 鑽研了一陣子，把 SEO 的一些觀念和做法，實際用在他經營的網路媒體上面，在早期也確實創造出相當可觀的流量與經營成績。

但這幾年，這家媒體一路崩壞下滑，早就已經退到該領域中後段班了，流量、影響力也大不如前。

網站的 SEO 工作，同樣也是鴉鴉烏。

這家媒體的主管，想振衰起敝，很用心地跑來上我的課，然後請我擔任他們公司的 SEO 顧問。

第一次開會，這家媒體的老闆姍姍來遲，坐下來後，聽我講話，我講不到幾句，他不耐煩地打斷我，語氣十分傲慢：「SEO 這東西我懂，我們家早期的 SEO 就是我親自規劃的，你不用講那麼多，只要跟我說有什麼最新的趨勢就好。」

「您說您懂 SEO，那當然是好事。問題是我從您的網站上看不出來。」我笑著說。

接著我指出了他們網站一些重大的問題，坦白說，問題還真是不少。

這位老闆臉色鐵青，後來中途離席。

這是我唯一跟他開過的一次會。

後來這家媒體，只有承辦窗口和幾個網站的相關工程師跟我開會，老闆沒有再出現，連主管都沒看到，開會談的事情，後續大部分也都沒有執行。

最妙的是跟我對接的窗口，短短半年的輔導案，後來拖了一整年，窗口陸陸續續換了五個，人員流動率之高，令人咋舌，換到最後，我連窗口的名字都懶得記了。

網站流量沒有起色，專案毫不意外，最終以失敗收場，神仙難救無命客，偶爾回想起這個案子，我也只能搖頭嘆息。

這家媒體的人員持續來來去去，經營狀況持續探底，現在他們在該領域，已經無足輕重了。是何昔日之熇熇，而今日之涼涼也？

媒體老闆很有能力，因為他過去也曾經成功過，所以我們不能說他不努力，那他的問題究竟在哪？認真探究起來，他的問題本質上跟手搖飲大姐的一模一樣，欠缺的是一個正確的方向。但他在面對問題的心態上，卻跟大姐有很大的不同。他太自滿了！沒有好好認真檢討自己的經營管理、審視自己性格的缺陷，他以為他的問題是只要聽幾個趨勢並且趕緊跟上就可以解決的，但事實顯然不是這樣。

一言以蔽之，他不務實。

手搖飲大姐和網路媒體老闆，每每讓我想起彭端淑《為學一首示子侄》裡「蜀之鄙有二僧」的故事。世上很多事情，成與敗，不在於你是否比別人聰明優秀，或者條件資源比別人勝出，而在於你有沒有真誠地面對自己的不足，全力投入，克服自己的困境。

其實，網路行銷是質樸誠勤的東西，只要抓對了方向，認真投入學習，堅持一段時間下來，即便不是天縱英才，也還是能有一番作為。所以，不要再相信什麼幾大趨勢之類的鬼話了，捲起袖子，弄髒雙手，好好把每個環節做好就是了。

說到底，就是周星馳在《食神》電影裡用糖漿寫出來的那大大兩個字：「用心。」

從錯誤中學到經驗

當然，做好網路行銷，除了抓對方向，以及用心、堅持努力外，還有另外一個很重要的條件，且讓我來說說第三個故事。

有一家南部的傳產企業，家裡長輩不懂網路，所以二代畢業後，讓他回家負責網路行銷的工作。這位二代，初期做官網，被不肖廠商騙，失敗了兩次，發現不能這樣下去，跑來上我的課。上完我的課以後，對於怎麼做網站、做行銷，比較有概念了，去找了第三家廠商。這回沒受騙了，但是做的網站設計風格他不滿意，等到第四次，他終於做出他滿意的網站，並且以這個網站為基礎做行銷，創造出相當不錯的成績。近幾年，有很多平面、電子媒體採訪他，他們公司已經成為傳統產業數位轉型一個相當不錯的案例。

做好網路行銷的第三個條件，就是要懂得在錯誤中學習。

我在前面說的三個條件：「**找到正確的方向，用心、堅持努力，懂得在錯誤中學習。**」是我這些年來觀察企業，尤其是傳統企業，做網路行銷時，很深刻的體會。一家企業網路行銷能不能做好，看這三件事，結果往往八九不離十，而這三項條件，奠基在一個重要的前提之下，就是「務實」。

其實，做好網路行銷，或世上任何事，不都是這樣嗎？成與敗，端賴於你有沒有抓對正確的方向，用心、堅持努力，以及你懂不懂得從錯誤中學習，重新站起來。

人生何嘗不是如此？

我們不得不承認，這是一個抄捷徑、求速成、重短線、浮躁，乃至於浮誇的年代。今天一個範式，明天一個概念，務虛不務實，終日侈言空談，我們確實必須放慢腳步，靜下心來想想：「這樣終日汲汲營營，對工作、對事業，真的會有幫助嗎？」

我們自己必須為自己的事業，乃至於人生負責，我們的人生不能只是演戲給別人看，戲演得再怎麼精采絕倫，外表再怎麼光鮮亮麗，到頭來，褪去外表，卸下包裝，我們還是得赤裸裸地面對自己，我們可以騙過所有人，但最終騙不了自己，人不能騙自己。

課後練習

網路行銷不是數學，不會就是不會。它的成功條件並不複雜，你不需要卓越的心智，或者超凡入聖的頭腦，才能把網路行銷的工作做好。要做好網路行銷，你需要的條件，只是「務實」，在務實的前提下，你必須做到：

❶抓對正確的方向。

❷用心、堅持努力。

❸懂得從錯誤中學習。

除了上述三點，另外，你還必須「相信」，相信你做的事對你的意義和價值，相信你對它的投入和付出必有回報。

最後，再加上一點點運氣，如此而已。

以上這段結論，不只網路行銷，對你我的人生，也同樣適用。

lesson 16

第十六課

“反轉”

Reverse

關於數位行銷顧問這工作

我在二〇〇九年創業，本來只想做做網拍，苟全性命於亂世，不求聞達於諸侯，沒想到只是透過朋友介紹去批個貨，卻因緣際會地當上襪子廠商的顧問，從此意外開啟了我的數位行銷顧問生涯。

數位行銷顧問是把範疇說得大一點，其實就是網路行銷顧問。

二〇一二年起，我開始出來講課，開啟了事業的重大轉折，也改變了我的人生。關於我當上顧問和開始講課的經過，我在本書其它文章中已經分享過了，在此不再贅述。總之這十餘年來，我和廠商、客戶之間，發生了很多感人的故事。

輕忽接班人培養，陷入經營的危機

包括我在這裡想講的居家產業客戶二代大姊的故事。

二〇一八年春天，受某個單位的邀請，我去一場在南部某大專院校舉辦的網路行銷大型論壇分享，匆匆來去，也沒跟現場什麼人交流認識。

後來，我在台中的外貿協會開課，那是晚上的課，連續上好幾個禮拜，故事中的大姊，和他的一位同事，從台南開車到台中，靜靜地坐在教室後方聽課，我對於他們跑那麼遠來上課，上完課還要開夜車回台南，印象很深刻，所以就跟他們交談了一下，彼此互相認識。

原來他們是之前南部那場網路行銷大型論壇參加的聽眾，聽完我的分享，很有啟發，所以大老遠不辭辛苦跑來上課。

後來我又到高雄上課，這位大姊和他同事，也是經常一大早從台南開車到高雄上課，偶爾下課也會載我去搭高鐵，在路上跟我討論一些行銷上的問題。

場景換到台北，又過了一陣子，我在台北某單位開數位轉型的系列課程，大姊公司的執行長（後來才知道是她老公）也來上課，在課堂上陸陸續續也跟我交流了一些想法。

在作了初步的知識準備後，大姊請我當他們顧問。小案子，看得出來他們公司的預算並不寬裕。大姊顯然是下了很大的決心，雖然不是很清楚具體的狀況，但我可以感受到他的誠意和用心；還有，出於我的直覺，我覺得我可能需要幫他一點忙，於是我跟他和他的同事說：「之後的一些課程，我會跟主辦單位打個招呼，沒關係不用費用，你們盡量來上吧！」

就這麼上課學習、下課互動，有一次，我和大姊跟他同事三人一起吃飯，大姊終於談起了自己的事。

聲淚俱下。

大姊的父親，是他們那一個產業的名人，早年研發了很多專利，很受同業敬重，當然也賺了一些錢。

但他父親只專注在研發，中晚年時，經營管理變得比較鬆散，常常因為人情，用了一些品德、能力都不合格的員工，公司危機四伏，不過因

為有他父親坐鎮，所以還能繼續維持下去。

後來他父親忽然過世了，故事中的這位大姊，本來結了婚，在台北過著平凡上班族的生活；但因為家裡弟妹年紀都還小，他只好緊急回家繼承家業，一肩扛起公司的經營。

公司的基層員工紀律散漫，老臣囂張跋扈，大姊一天到晚都在救火，身心俱疲。

外面合作的經銷商也看衰他們孤兒寡母，有不願再合作的、有提出嚴苛條件的，也有優先幫別人賣，不賣他們家產品的。

生產、銷售出現了嚴重的問題，以往公司最引以為傲的研發，情況也沒好到哪裡去。靈魂人物，我的客戶的父親，已經不在了，經常跟大姊來上課的那位同事，後來我才知道，原來是他父親的關門弟子，負責公司現在的研發。據他估計，以公司目前的狀況，三年內恐怕無法推出新產品，新產品既然遲遲無法推出，就只能靠過去的研發專利吃老本，然而有些重要的專利，轉眼間也快到期了。

公司經營狀況一路向下，每天都在失血，幾年下來，欠債數千萬，最後沒有辦法，只好賣掉房子還債。

賣掉房子抵債，還有新的債。

大姊幾乎夜夜失眠（一直到今天還是），每天處在高度壓力之下，殫智竭慮，思考未來的路。

借力網路行銷，企業重新翻轉

他後來想到，現有的經銷商通路，經銷商個個如狼似虎、勢利炎涼，寄望這些魔鬼變成天使是不可能的。如今之計，要從網路行銷找突破口，一來從網路行銷找尋直銷接單的機會、二來從網路打響品牌知名度，讓經銷商不再看輕他們，願意回頭跟他們好好談合作。

網路行銷不懂、沒經驗，就學吧！於是他帶著最信賴的幹部，開始四處去聽演講上課。

所以也就有了那一次，我在南部大學的活動演講，他們倆去聽，聽完後頗有感觸，後來我在台中外貿協會晚上開課，他們倆每次從台南開車到台中上課，十點課程結束後，再連夜開車回去。

作為一名講師，我很少見到像他們這樣的學習精神非常感動，對他們印象深刻，也因此結下不解之緣。

從那次吃飯了解大姊公司的情況後，我陸陸續續還是與他和他的同事保持互動，我們談了很多，從網路的專業、到行銷策略、公司經營；甚至，人生的重大抉擇。

有一次，他們到台北參展，晚上找我吃飯，說有重要的事情要問我意見。

見面談了以後，果然沒錯，是重大的問題，這件事我當時有記錄在我個人的臉書上。

他們問我：「這麼痛苦，到底還要不要經營下去？」

必須說，作為老師、顧問，我們是背負著一定程度的責任和使命的；我們的一句話、一個建議，很可能會改變一個人、一群人的人生。

對於公司老臣囂張跋扈的問題，我跟他們說：**「你開一家公司，如果害怕因為某個員工離開，你就經營不下去的話，那你其實老早就應該收掉。」**

至於要不要孤注一擲拚一次轉型？我分享了我自己創業的經驗。我告訴他們：「我沒有辦法告訴你們應該怎麼做，我只能跟你們說，我當初自己在創業時，曾經想過，如果沒有出去轟轟烈烈打一仗，自己將來會不會後悔？我的結論是，去打這一仗，有可能贏、可能輸，但不去打這一仗，我是一定會後悔的，所以我決定去打這一仗，然後今天我在這裡。」

我也不知道我給他們的意見是對還是不對，但總之跟我談過之後，大姊回去處理了公司人事的問題，然後他和他最信賴的那位同事決定繼續堅持下去。

大姊的母親，負責公司的財務，看到自己大女兒這麼努力，心裡很感動，跟他說：「看你這麼拚命，我就算傾家蕩產也要支持你這一次。」

大姊對於接下來公司的工作做了一些規劃，其中部分的網路行銷工作，委由我們公司協助。由於公司經營困難，預算的部分，他們結合政府計畫申請補助，我們全力配合。

在我們公司跟他們合作的專案開始前，我特地到大姊家裡的工廠走走。偌大的廠房，空蕩蕩的沒幾個人。大姊苦笑著說現在公司的狀況就是這個樣子，然後說我來的前幾天，他剛出清了一大批工廠以前的原料，只為了周轉現金。

走進廠房，測試他們生產的產品，配合大姊在旁的解說，我驚嘆道：「你們東西真的很棒啊！」

「所以才覺得不甘心啊！」大姊說。

回程高鐵的路上，我眺望著嘉南平原的落日，心裡告訴自己，不管怎樣，一定要幫他們的忙。

這個案子的前因後果，我其實沒有特別跟我們公司的同事說，我們公司同事可能私下也會很訝異，我們在這家居家產業公司的案子投入的資源，已經到了不惜成本的程度。我們請公司比較有經驗的專案經理負責統籌；請業界最有名的文案老師幫忙寫品牌故事；請公司最資深的關鍵字廣告顧問花一整天的時間手把手教他們投放廣告；而我自己，到南部上課，也還特別約他們到高鐵站見面喝咖啡，直接給他們建議。

案子本身有沒有賺錢，已經不是重點了。我心裡很清楚地知道，這可能是他們公司的背水一戰，萬一沒有起色，這一家早年曾經很優秀的企業，恐怕就要從此在市場消失了。

無論如何我不能坐視著讓這樣的事情發生。

專案開始半年後，也就是二〇一九年年中，他們雖然還是很辛苦，但失血的情況已經大幅改善了，並且開始從網路上接到直客的訂單。而故事的主角大姊自己，這一路歷練下來，也已經習慣與壓力共處了。我們約在高鐵站，邊喝咖啡邊聊，言談間，我發現大姊跟之前不同了。他不再徬徨，眼神散發出堅定的光芒。

看到大姊這樣，我滿有感觸的。我在這些年以來，跟許多台灣企業接觸互動的經驗是：「台灣的企業家，其實是很有韌性的。他們有過人的

恆心和毅力，不怕辛苦、不怕艱難，他們只怕的，是沒有方向。如果旁人能指引他們一條方向，那怕再辛苦，他們都有機會從谷底奮力爬起，重新站穩腳步。」

大姊的公司，正是這樣的典型。

我當下給他們一個任務：「設法在年底前實現單月獲利。只要能做到單月獲利，對未來就會有底氣，就能存活下去。以前虧損的，沒關係慢慢再賺回來。」

距離我現在寫作這篇文章的時間點，二〇一九年年中，轉眼又過了一年，大姊的公司情況愈來愈好。就在昨天，大姊主動跟我聯繫，說想找我談談接下來進一步的合作計畫。

這麼說或許比較理想性一點，我在從事網路專業服務的這些年，很深的體會是：「不是客戶跟你合作，然後你幫忙客戶；而是你幫忙客戶，然後客戶跟你合作。」

很多人問我：「作為一名行銷顧問，到底可以為企業帶來哪些價值？」其實除了領域專業的提供，顧問的工作可以深化到策略擬定、公司經營；甚至，如果你有心的話，你也可以給你的客戶帶來很深刻的啟發，改變你客戶的人生。就我常說的，煙士披里純（Inspiration）。

如果你遇到很努力用心的客戶，你會覺得，能夠跟他們共患難、一同成長、一同轉型，幫忙他們突破困境，迎接成功，真的是一件很美好的事。

這就是我一直還在的原因。

課後練習

故事中的家居產業公司第一代經營者（大姊的父親）犯的錯誤：❶只重視自己擅長的研發，忽略其他經營環節，而企業經營者不能只做自己擅長、甚至喜歡的事。❷因為人情用了很多不適任的人。❸沒有及早培養接班人。

二代經營者（大姊）做對的事：❶捨棄安逸的環境，勇於承擔，回家接班。❷縮減人力，變賣多餘設備原料，以求生存。❸面對問題、解決問題，跳過中間通路直接經營直客。❹投入網路行銷，用心學習，向有經驗的人請益，找到方向，然後借力網路行銷，重新打響品牌知名度，並直接開發客戶。

人生篇

lesson 17

第十七課

“超越”

Beyond

你值得更好

有一年，我去我大姐家吃飯，大姐和我外甥女聊到外甥女國中班上的同學都很自私，壁報比賽沒人要做事，都我外甥女一個人在做，我大姐安慰他：「沒關係你就默默把事情做好就好，不要管別人有沒有看見。」

我慢慢放下碗筷，跟我大姐說：「大姐你這是許多台灣傳統家庭的教育方式，包括我們的父母從小也是這樣教我們；但且容我個這做弟弟的真心建議，千萬不要這樣教女兒。」

我會這麼跟我大姐說，是因為這

樣的教育方式，我吃過大虧。

我小時候，家境清寒，很多東西買不到，父母告訴我們，因為家裡沒錢買不起。小學時，我成績、在校表現也沒比別人差，但因為沒參加老師私下的課後補習，所以畢業時拿不到前面的獎項。父母總是安慰我說：「沒關係，因為我們條件不如人。」

貧窮帶給人的最大陰影，不是物質的匱乏，而是凡事不如人的悲觀宿命感。

我一路長大，求學、就業，付出的沒有比別人少，表現的也不比別人差，但很奇怪的就是沒有老闆緣。做事的是我，挨罵的也是我，但吃香喝辣的卻沒我的份，早年還會覺得不公平，後來久了也習慣了。我告訴自己，就當自己天生沒長輩緣吧！

有一年，我去台北應徵一個工作，性向測驗、筆試的成績都很好，到口試時，面試的主管跟我說：「你各方面的條件都不錯，但從我剛剛跟你談話的過程中，我覺得你是一個很Humble的人，而偏偏我們公司的同事們，都不是挺好搞的，我覺得你沒有辦法適應我們這樣的環境，所以很抱歉，我沒辦法用你。」

後來，我還是在台北找到工作，上班的那家公司，老闆對我很嚴苛，怎樣做他都覺得我做不好，經常大呼小叫的斥責。到最後，我無所適從，身心俱疲，累了、倦了、放棄了，我跟他說，我要走了。他一聽說我要走，反倒突然對我親切起來了。有一天，他找我去他辦公室聊了一下午，講《馮諼客孟嘗君》的故事給我聽。這故事早聽過了，我耐著性子聽他講完，內心深處浮現了兩個大大的疑問，但當下忍住沒問他。我的第一個疑問是：聽你言談之下，也不覺得我有什麼不好，那之前幹嘛動不動就把我當木頭罵？第二個疑問是：反正我就快要走了，你在這節骨眼跟我講這故事幹嘛？

我本來以為自己只是時運不濟，遇人不淑，只要換個工作，情況就會改善；但是結果並不像我想的那樣，後來我陸陸續續換了幾個工作，一樣的情形，還是反覆發生。

簡直像遇到鬼一樣。

我不知道我問題出在哪裡？那幾年，我過得很不開心。

雖然我過得很不開心，但我畢竟也不是笨蛋，即使還是不知道背後的原因，但其實慢慢意識到，類似的遭遇，偶爾一次兩次，或許可以歸咎於自己的運氣不好，但如果一再反覆發生，那麼問題，也許比較可能，是出在我自己身上。

「可憐之人，必有可惡之處。」大概就是這樣的意思。

有一回，我在書店讀了麥爾坎・葛拉威爾的《異數》（Outliers）這本書，恍然大悟。

可以說，這本書，改變了我的人生。

後來，我又讀了A・阿德勒的《自卑與超越》，更加清楚這是怎麼回事了。

不要被動等待別人的給予

先談談《異數》。

在《異數》這本書中，作者談到，人一生的成就，除了聰明才智，以及個人努力之外，其實環境也占了很大的一部分。所謂「環境」，不僅僅只是家世背景這麼簡單而已，還包括了一個人所處的時代背景、社會生活、文化傳承……等等。

而環境會對一個人的成就造成影響的方式，也不僅止於外在的客觀物質條件的供給而已（雖然這確實是有很大影響），這其間還存在更深層的東西。

關於「更深層的東西」，我指的其實是「思考方式」（Mindset）。

關於時代、社會、文化層面對於思考方式產生的影響，這個題目太大，本文暫且不討論，接下來，且容我把討論的焦點，放在家世背景上面。

當你沒有好的家世背景，先天環境不如人，你會認為是你自己必須適應世界，你自己必須配合別人，所以你怯於人際交往，你害怕衝突，你不敢要求，你不習慣為自己的權利挺身戰鬥。

你會遇到我小時候遇到的問題：「因為貧窮帶來的自卑感」。而如果你沒有好好處理你的自卑的話，它會在你內心纏繞不去，影響你的一生。

你以為聰明加上努力會讓你成功，但卻輕忽了人際關係運作的規則。

你等待別人施捨給予，卻不曾意識到我們生活在一個憤世嫉俗的世界。

你長大之後，誤以為自己的自卑是謙卑，你覺得你很好，看不起那些膚淺庸俗卻又大言不慚的富有人家的孩子，但卻又看著他們抓著一個一個原本應該屬於你的機會，揚長而去。

你告訴自己，是一時的運氣不好，你告訴自己，是因為自己努力不夠，所以你更投入、更認真，你以為這樣就能夠扭轉你的命運。

但什麼都沒發生，然後你就這樣過了一生。

有錢人家的孩子不是這樣的。

他們或許沒有你聰明，或許沒有你努力，或許在能力品格上面也比不上你；但是他們有一點強過你，就是他們認為這個世界是環繞著他們，以他們為中心而運行的。所以他們敢開口、敢要求、敢展示自己的能力、敢包裝自己的成績、敢提高自己的身價、敢為自己的權利挺身戰鬥……

他們敢秀出自己，敢活出自己，最重要的是，他們覺得自己夠好。

富人和窮人的小孩最大的差距，不在階級，不在財富，而是在於他們面對世界的方式。

我終於明白我老闆跟我說《馮諼客孟嘗君》故事的用意了，馮諼在孟嘗君府上當食客，什麼都沒做，「食無魚」、「出無車」、「無以為家」……先要求了一堆，因為他覺得自己夠好，覺得自己值得，所以他敢要。

如果你真心覺得自己夠好，真心覺得自己值得，你為什麼不敢要？

不要被動等待別人的給予，記得，這是個憤世嫉俗的世界。

理解問題的根源在於自卑感，是起點，但是不是每一個人在理解了自己的問題以後，都能夠跨越心理的門檻，變得覺得自己「值得」，從此變得「敢要」呢？恐怕也沒那麼容易。

樂觀看待自卑並超越

我們必須更深入理解「自卑」的本質。

接著談談阿德勒的《自卑與超越》。

在《自卑與超越》一書中，作者提到：「我們每個人都有不同程度的自卑感，因為我們都發現我們自己所處的地位是我們希望加以改進的。」

在心理學上，這稱為「自卑情結」。

而因為沒有人能長期忍受自卑感，所以一個人必須採取某種行動，創造「優越感」，來消除自己的自卑感，這稱為「補償作用」。而補償作用可以是積極正面的，如果我們始終能保持勇氣，我們就能以直接、實際、完美的唯一方法改進環境，來使我們脫離自卑感。

如果從這個角度往下推論，我們甚至可以說：自卑感是增進人類地位的動力，例如科學之所以興起，便是在於人類對世界感到無知，在試圖更妥善控制自然時，所努力奮鬥的結果。基於這樣的觀點，作者甚至說：「我們人類的全部文化都是以自卑感為基礎的。」

事情有沒有作者講的那麼誇張姑且不論，但總之對於自卑感的補償作用，是可以積極正面的，這樣的說法相信很多人都可以同意。

然而，為了達到「凌駕於困難之上」的目標，我們對於自卑感的補償作用也有可能（且更經常）是負面的，它可以體現在傲慢自大、逃避現實、身心疾病、甚至自殺（最負面的一種）……等行為之上。

我大姐告訴我外甥女：「沒關係你就默默把事情做好就好」，某種程度，就是以逃避現實來處理自卑感。

這當然是很不好的。

理解自卑的本質後，接下來的問題是：「那我們如何超越自卑？」

每個人的優越感目標，是他個人所獨有的，它決定於這個人所賦予他生活的意義。選擇負面的優越感目標固然不足取，但選擇積極正面、改變環境的優越感目標，如果是以個人為出發點，雖非完全不可行，但往往會讓一個人遭受挫折後走向悲觀與封閉，最好的方式是找出「合作之道」，人類對於價值和成功的判斷，最終都是以合作為基礎的，也唯有通過「積善行，思利他」（稻盛和夫語），**對人群做出貢獻，才能讓一個人在超越自卑的過程中，不因挫折而喪失勇氣，找到前進的力量，最終能成就更好的自己。**

我們小時候常看到的一句話：「生活的目的在增進人類全體之生活」，在很多年以後，我終於懂了，講的就是這個道理。

透過上文，我們理解到自卑感的本質，也明白透過合作對人類做出貢獻，是較具正面意義的，超越自卑感的方式，我還有兩個建議。

第一件事，是樂觀正面看待自卑感這件事。

「人有悲歡離合，月有陰晴圓缺。」我們人生本來就不圓滿，很可能我們一輩子都處在超越自卑感的常態之中。你不應該把我們「終究無法達到生命最高目標」這件事解讀成挫折、困境，甚至是人生悲觀的宿命；而是應該把它視成生命的成長、探索與樂趣，你方寸之間樂觀、悲觀的想法，將會造就截然不同的命運。

第二件事，是有意識地提醒自己、鼓勵自己，你可以超越自己，你可以辦得到，你值得更好。

我去網路上下載了一個圖，存在手機裡。灰心時、沮喪時、痛苦時，時時刻刻拿出來給自己看。後來我決定創業，活出自己，不要活在別人稱斤論兩的評價中，我老婆起初也不贊成，但我常用圖片裡的這句話告訴他：

"I deserve better."

課後練習

如果你的出身背景不好，一定要用心理解「成功」這件事，成功不是只有聰明才智和努力，它當然和環境有很大的關係，但所謂的環境，不僅僅是指外在物質條件的供給，更重要的是「思維」的養成。窮人家的孩子和富有人家的孩子彼此之間的差距，與其說是外在條件，毋寧說是在思維，先天不如人的「自卑感」會影響一個人的處世方式，窮人家的小孩要特別留意這個問題。

既然自卑感是問題的根源，我們就必須理解到：人都有自卑感，因為有自卑感，為了擺脫自卑感，人會有積極的、或者消極的作為。我們所要做的，是選擇以積極的方式處理自卑感，讓我們的人生變得更好，同時避免讓自己跌入負面消極的自卑感深淵中。

課後練習

我們如何避免消極，以積極的方式化解自卑感呢？關鍵在於優越感目標的設定，而優越感目標的設定，在於我們對生活賦予的意義感，什麼樣的目標，可以讓我們不斷奮鬥下去呢？是「合作」，在對人群做出貢獻的同時，我們才能充滿希望的奮鬥下去。

理解到自卑感是問題的根源，「覺得自己值得」、「敢要」是目標，雖然不能說從此就能解決問題，但至少是個好的開始。

在奮鬥的同時，我們也必須理解到，我們永遠無法達到生命的最高目標（亦即我們終生會與自卑感共存下去），所以我們必須正面樂觀看待自卑感這件事，一個人或人類整體，如果已經達到無困難的境界，那樣的生活反而是相當沉悶的，我們生活的樂趣，其實是從缺乏肯定性而來。

不斷提醒自己、鼓勵自己當然是有用的，記得時時要告訴自己：「I deserve better」（我值得更好）。

lesson 18

第十八課

“突破”

breakthrough

你不快樂
是因為看不見自己的價值

我在二〇〇九年創業以前，在北部工作過幾年，其中有一個老闆，就是在跟我離職前，跟我說了一個下午《馮諼客孟嘗君》故事的那個，他曾跟我說過一句話：「人要努力打破自己的慣性。」

他的意思是說，人的一生，總是按照一定的軌道在走，如果你不去改變它，那它就永遠是那個樣子了，而唯有努力的打破自己的慣性，那才有機會看到其它的可能性，達到更高的境界。

他的話，我懂；但當時的我，不知道如何打破自己的慣性。如果要更進一步地講，應該是說，其實我不知道為何要打破自己的慣性？

坊間有很多探討如何成功的書，也有很多「成功學」的課程（這個名詞在今天幾乎是帶有貶義了），我沒有上過成功學的課程，但關於探討成功的書我倒是看了不少，不過我看了半天，越看卻越是糊塗，這些書教了很多法則和技巧，但總是沒說清楚我最想知道的事情：「到底什麼是成功？」

擁有財富、金錢、名譽、成就算是成功嗎？對很多人來說是，但我這些年來，接觸過很多有聲名、有地位的人，他們過得並不快樂，也不真正覺得自己成功。

生活安康、家庭婚姻美滿幸福，這樣算是成功嗎？生活安康、家庭婚姻當然是非常好的事，但是跟一般人對成功的理解似乎又有很大的差距，甚至如果今天有人把這當作是人生追求的目標，可能還會被旁人嗤之以鼻，斥之為「小確幸」。

擁有財富、金錢、名譽、成就，才是成功、才會快樂嗎？

到底什麼是成功？

我這幾年的體悟就是，人們常犯的一個很大的謬誤，是把財富、金錢、名譽、成就……這些事情當作是成功本身；而在追求成功的過程中犧牲掉快樂，並且告訴自己這樣的犧牲是必須的。另一種謬誤則是剛好與前述的情況相反，世上也有像這樣的人，他們認為快樂與財富、金錢、名譽、成就……等世俗所認為的成功標準本質上是互斥背離的；所以他們為了追求「真正的快樂」，寧願放棄所謂世俗標準的成功，以換得一種脫俗的清高。

不，事情其實不是這樣的。成功既不是財富、金錢、名譽、成就本身，更不是站在完全的對立面，為了得到快樂就必須捨棄掉或放棄追逐的事物，它應該作為一個完全不同性質的東西而存在，它應該有屬於自己的定義。

在這裡談談我自己親身的經驗。

我在第六課《往風暴的中心走去》一文中提到，我在二〇〇九年選擇創業，原因是因為我對「不再探索自己的可能性、不再測試自己能力的極限、不能夠真正以獨立自由的姿態過著自己的人生。」這樣的自己感到害怕，所以我選擇創業，我想嘗試看看，「在沒有背靠的情況下，我可以如何經營自己的事業。」

在選擇創業的時候，我以為在追求勇敢地、獨立自由地活出自己的過程中，我會找到快樂，從此王子與巫婆會過著幸福和快樂的生活，但我當時的我顯然是太傻太天真了。

創業以後，我依然還是不快樂。

當然，我創業的頭幾年並不順利，一開始我因為不想跟前東家打對台，選擇做網路購物。每天超時工作，忙到沒日沒夜，還是沒有看到什麼收入，在外又屢屢受騙上當，平白損失金錢。這也就罷了，還經常被看輕、被冷眼對待，飽受冷嘲熱諷。就算回到家裡，處境也沒有好太多，荷包漸空，沒有收入，生活的煎逼，與家人言語的衝突與不愉快，負面情緒在日常互動的過程中一點一滴累積，讓整個屋子氣氛都十分凝重。於是我經常跟家裡說要外出，說是要談案子，其實是跑去附近星巴克上網打發時間，講好聽點是怕家人知道我沒事可做會擔心，講實話就是在逃避現實。

後來實在撐不下去了，開始接一些雜七雜八的案子貼補家用，WordPress 架站、SEO、小型行銷顧問案……只要能很快收到錢的我都做，如此這般攪和下來，是開始有點收入了，但午夜夢迴猛然驚醒，卻發現自己離當初創業的理想越來越遠了。

我一度以為我的不快樂是因為日子過得辛苦、加上事業做不出成績所造成的，當然這些也確實是原因，但我的不快樂，其實還有更深層的原因，只是我當時並沒有覺察到。

真正的成功且快樂，來自有能力幫助人

有一天，我看鄭弘儀和于美人主持的電視談話節目《新聞挖挖哇》，

當天談話的主題是「歐吉桑的異想世界」，特別來賓是吳念真導演和紙風車劇團的創辦人李永豐。節目中，吳導和李永豐團長，談到他們發起「319兒童藝術工程」的初衷，319兒童藝術工程是希望讓台灣每個鄉鎮的兒童，都有機會接觸到兒童舞臺劇與藝術活動，透過募捐或善心人士捐款，只要湊足演出的費用三十五萬元，紙風車劇團就會到那個鄉鎮演出。在節目中，主持人鄭弘儀問李永豐：「有哭嗎？」

「當然有哭啊！」李永豐回答。

那是他們第二場的演出，地點是在阿里山，李永豐的故鄉。要在當地演出，過程很辛苦，之前被拒絕了N次，然後籌錢、籌設備，十分艱辛。阿里山人口很少，才三千多人，演出當天就來了一千多人，從奮起湖、達邦部落……鄰近鄉鎮，老師載、家長載，大車小車翻山越嶺來到石棹看演出。李永豐當時想，阿里山很高，如果放煙火，那很多人都看得到，他打電話給平常配合的煙火廠商，請廠商在表演節目結束後負責放煙火，他在電話裡什麼髒話都飆出來了，大意就是說：「這是我紙風車的第二場演出，一定要成功，我就只有兩萬元預算，反正我不管，你煙火廠商看著辦，一定要幫這個忙……」

當天表演節目結束，煙火廠商依約來放煙火了，李永豐和工作人員一邊看煙火一邊哭：怎麼還有？還有……

煙火放了十幾分鐘。

我也一邊看一邊哭。

就在那個當下，彷彿得到上天啟示一般，我腦海中浮現了一個聲音：「這就是我想要的。」

接下來的幾天，我很少說話，靜下心來，沉澱思考，慢慢地我把事情的前因後果理清楚了。

我真正不快樂的原因，不是因為日子過得辛苦，也不是因為事業缺乏成就，我不快樂的真正原因，是因為我內心深處，覺得自己對世界沒有貢獻，我其實是一個沒有價值的人。

我在此前的人生，最大的一個思維謬誤，就是我一直在追逐成功，我以為等到我有成就了、有能力了，就可以回饋社會，然後對世界做出貢獻，但事情的真相根本不是這樣，事情的真相其實是：我在對世界做出真正貢獻的同時，我這個人才因此具備了價值，我也才會因此變得有所成就。

於是我開始認真思考：我可以做什麼？

我左思右想，得到的結論是，我這個人，其實真的沒什麼特別專長，就是懂一點網路行銷、SEO……這類的東西，剛好很多人對這些東西沒概念，要不然我乾脆出來分享，教大家怎麼做好了。

於是從二〇一一年起，我開始在業界分享上課、當顧問，一直到今天，我還是在持續做這樣的事情。很多朋友會覺得納悶：以我目前的狀況，似乎不用再這麼辛苦的四處上課了；但如果這些朋友知道我當初為什麼會出來教書上課的心路歷程，就應該能夠理解我為什麼一直始終在這裡，沒離開過了。

我想跟你分享的是，成功其實是一種幸福感，是一種不枉此生，在自己即將離開世界時，那種「我的人生棒透了」的滿足感。我們真實的人

生裡，有很多方式可以構成這樣的幸福感，財富、金錢、名譽、成就……固然都是解答，單純的生活安康、家庭美滿其實也是可能的選項，但在構成人生幸福感的諸多條件中，位於核心，有可能也是最重要，也是最經常被忽略的一項，就是「影響力」，也就是你是否能對世界做出真正的貢獻。

談到成功，我們經常會論及一個人的先天條件（家世背景、長相）、學歷、能力……等因素，就讓我們大方承認吧！這世界確實是存在不公平的，有的人確實就是與生俱來擁有別人沒有的優勢，這也讓他們相較於其他人，更容易獲得財富、金錢、名譽、成就。但請記得，擁有前面所提到的這些東西，不代表你就擁有幸福感；而只要沒有幸福感，你的人生，不管你擁有什麼，無論如何，都不能稱得上是真正意義的成功。

反過來說，生活單純的美好，確實也可以讓一個人懷有幸福感，但這並不代表一個人就只能滿足於在這樣的境界，即便沒有財富、金錢、名譽、成就，只要能對這個世界做出真正的貢獻，一個人還是可以從中獲得巨大的幸福感的。而誠如我前面所跟你分享的，成功，其實就是一種幸福感，也就是說，即便沒有財富、金錢、名譽、成就，一個人還是可能成功的。

所以，問題真正的核心，在擁有幸福感。擁有幸福感，就能算是成功。而發揮影響力、對世界做出真正的貢獻，是創造幸福感的人生試卷中一道大大的加分題。你只要真正明白這個道理，你就會知道，無論你是追求財富、金錢、名譽、成就，或者是選擇過單純美好的生活，其實都不與你追求幸福，得到成功的目標相牴觸，我以上講的所有東西，都只是你通往幸福感的手段而不是目的，你不應該把手段當作目的。

如何突破自我慣性並獲得滿滿的幸福感呢？

那麼，回到本文一開始的問題：「人為什麼要打破自己的慣性呢？」

我後來的領悟是：**人之所以要打破自己的慣性，目的就是要讓自己在能力、思維、見識上，突破既有的境界，成為更好的自己，並為對這世界做出真正的貢獻做好準備。**

打破慣性，成為更好的自己，為世界做出更多的貢獻，獲得幸福感，實現真正意義的成功，事情，就是這麼回事。

那麼，我們只剩下最後一個問題了：「如何打破自己的慣性？」

我的幾點建議：

一、對人生有意識地做出選擇

大陸互聯網圈有一句話：「選擇比努力還重要。」我個人其實不太喜歡這樣的說法，因為這樣的說法過分神化選擇，同時刻意貶低了努力的重要性。但我也同意選擇確實是很重要的，特別是針對如何打破自己的慣性這件事，對人生有意識的做出策略選擇，起著決定性的作用。

大陸有一本書叫《躍遷：成為高手的技術》，這本書就如何對人生有意識地做出選擇這個議題有相當深入的探討，讀者有興趣的話不妨找來看看，我在這裡簡單列出作者所提示的重點如下：

❶ 找出頭部（價值、差異化、身邊）
❷ 持續專注
❸ 快速迭代

二、學習、思考、實踐

每天學習，不僅是知識的堆積，同時要搭配思考。

我常常在臉書上半開玩笑的講，不要上太多課，因為學而不思，課上得愈多，人就愈是焦慮，愈是用框框條條把自己困住。這樣的情況，王國維稱它「見山不是山」，用佛家的講法，叫「所知障」。

我們必須理解到：「學習是一個知識重構的過程。」

透過一次又一次的學習，我們重新組合自己的知識體系。納進新的、對我們有用的知識；淘汰舊的，我們不再採信的知識。而在一次又一次重組知識體系的過程中，我們不能只是囫圇吞棗地吸收知識，更重要的要有辯證的過程，也就是要去思考。

學習是戰術，思考是戰略，套句雷軍說的話：「你不要用戰術上的勤奮，來掩飾戰略上的懶惰。」

如何不被現有的知識框架限制住，不斷地重構自身的知識體系，逐步達到「見山還是山」的境界呢？

除了學習上課、勤加思考外，最重要的是實踐，透過實踐檢驗自己學習到的東西。

三、從生命特殊的經驗中出發

我們生命中，往往會有一些對我們的人生發生重大影響的事件發生。

事件有大有小、有好有壞，我想跟你分享的經驗是：不要只是把注意力放在這些事件本身上面。

你要知道，無論是什麼事，最終總會過去（人生除死無大事），所以與其一直回頭去檢視這些事件當下造成的結果，不如去思考事件發生的原因、後續的影響，以及它們對你產生的意義，並從中找到自處之道。

「319兒童藝術工程」的啟發改變了我的人生，而我自己的人生中，像這樣深刻的、對我生命體驗產生巨大衝擊的事件，除此之外，其實還有好幾次。我並不認為我的生命歷程比別人特別，發生在我身上的事，想必在其他人身上也發生過，重點在於不要讓自己一直陷溺在當下喜怒哀樂的情緒之中，而是要有意識地辨認出那是對你有重大意義的人生事件，並從這些事件中出發，將其作為改變你人生慣性的起點。

課後練習

成功是一種幸福感，人生的幸福感有很多來源，但有很大的一部分來自於你對這世界是否做出真正的貢獻。

人之所以要打破自己的慣性，是為了讓自己在能力、思維、見識上突破既有的境界，成為更好的自己，為對這世界做出真正的貢獻做好準備。

打破自己的慣性，成為更好的自己，可能讓你獲得財富、金錢、名譽、成就，也可能沒有，但只要打破自己的慣性，成為更好的自己，你就有更多的機會對這世界做出更大的貢獻，並獲得幸福感。所以，無論如何，打破自己的慣性吧！

如何打破自己的慣性呢？❶對人生有意識地做出選擇。❷學習、思考、實踐。❸從生命特殊的經驗中出發

lesson 19

第十九課

“可能” may

人生無限公司

臉書上有一陣子流行談全班倒數第幾名，我來談談將近三十年不見、最近透過臉書跟我聯絡上的小學同學曾自然。

曾自然當然不是本名，他小學功課雖然平平，可也不是最後一名，但因為不是老師偏愛的那種典型的好學生，且想法又天馬行空，再加上當時有個極其好笑的名字（幾年前改名了），所以跟他比較有話聊的朋友不多，就我，和另外一個後來當了醫生的同學。

從傳統殺豬戶變身外貿電商

高中時，他來我家找我敘舊，頂著當年最流行的火爆浪子頭，跟我說他國中畢業後沒升學，正在學殺豬。這是當時我最後一次見到他，雖然我內心深處並沒有輕視他的想法，但在後來的人生裡，偶而想起這位小學時期跟我很要好的同學時，總會聯想到他或許正在某一個屠宰戶裡辛勤地工作著。

曾自然退伍後開始當業務，賣錄影帶，後來錄影帶逐漸被淘汰了，就改賣光碟。從有市場賣到沒市場，實在過不下去了，只好跑去紡織業上班。由於沒有了不起的學歷，在工廠裡混了幾年，始終出不了頭，心裡想著不如歸去，剛好他媽媽以前是賣檳榔的，攢了點錢在台中太平山區買了一小塊山坡地，本來打算種檳榔樹搞產銷合一，沒想到後來檳榔業沒落了，想改種其他作物，於是兩事作一事，曾自然回家幫忙種起龍眼，搖身一變成了農民，從最基本的拿鐮刀除草做起。

由於考慮到耕作時的安全，以及消費者的健康，曾家種田時堅持不灑農藥，但也因為不灑農藥，導致作物的賣相不好，反而讓盤商收購時把價錢壓得很低。大約十幾年前，有一回曾自然載著一卡車龍眼去賣，結果盤商開了個極其離譜的價格，氣得他回家跟家人說以後不要再賣龍眼了，得另謀他途；剛好他那陣子認識了一些工研院的人，在某次閒聊中談到龍眼可以做醋，於是觸發了他改行做醋的念頭。

一開始不會做醋，就去學習進修；學會做醋以後發現沒設備，就想辦法添購整合；等把醋生產出來了，發現沒通路，就一家家去談；等通路談妥了，又發現產品不夠多；於是回頭積極研發新產品。國內做了幾年，熬過最辛苦的時期，公司開始有了一點規模，請了十幾位員工，也通過了有機無毒認證，這時候發現國內市場規模有限，再加上通路層層剝削，於是想轉型觀光農場、發展海外市場、開始進入電子商務，也就是在與外貿協會接觸互動的過程中發現課程的講師竟然是他國小同學，也就是敝人在下我，於是加我臉書跟我聯絡。

那一天，我帶著老婆、女兒去曾自然位於台中大雅的工廠，探望這位闊別三十年的老同學，那是我此生喝過最多醋的下午（但真的是好喝）。「人生不相見，動如參與商。」見了老同學，除了高興，除了感慨，更多的是有許多說不上來的，複雜的情緒不斷湧上心頭，直到整整過了一個禮拜，我才稍稍能將這些情緒理出一些脈絡。

我的老同學曾自然的故事，給我的幾點感觸：

❶永遠不要認為自己、或是別人一生就是這樣，人生有無限可能。

❷創業有千百種模式、理論、框架，但持續付出努力永遠是硬道理。

曾自然告訴我，**當你放棄了，就是證明全世界不看好你的人都對了，而只有你錯了。**

❸始終懷抱希望。

「天無絕人之路，老天永遠會留一個小小的門縫給你。」我記憶中飛揚跳脫，而今成熟穩重的老同學曾自然，這麼對我說。

這不是什麼光鮮亮麗的高科技創業團隊獲得千萬美元投資的故事，但我很高興聽到這個故事，也衷心希望，在自己生活的土地上，能多幾個這樣的故事。

我老同學曾自然的故事先在此打住，接下來談談我的客戶時總的故事。

放下舞蹈家身段，勇敢歸零再出發

時總是一位非常傑出的女企業家，他經營台灣規模最大、最具實力的展覽公司，旗下握有超過六十個以上的知名展覽主辦權，許多國內的知名展覽，都是出自時總一個人的創意發想。

我剛認識時總的那一陣子，他正打算換辦公室，計畫貸款在汐止買一片土地蓋企業總部。我聽他講了一下午如何把現有的辦公室租給其它公司，然後拿租金來支付新物業的貸款，也就是進行所謂的財務操作，聽得我瞪大了眼睛、佩服的五體投地。我的內心充滿了敬意，果然是層次遠高於我能想像的企業家啊！

但你能想像嗎？時總年輕時是搞表演藝術的，他是舞蹈家。

由於我實在非常好奇，有一次和時總吃飯時，我請問他為什麼從一位舞蹈家搖身一變成為企業家，為何有這麼大的轉折？

當年，有感於不可能一輩子都在從事表演工作，基於生涯的規劃，時總開始學習財務管理。後來他跑去一家展覽公司當業務，幫公司招攬了不少業績，工作了幾年後，他決定自立門戶了，於是出來創業，創辦了他現在經營的公司。

每一次轉折，都是陌生的考驗和挑戰。時總說「治大國如烹小鮮」，他非常重視細節。由於曾經是舞蹈家，舞蹈家必須記得表演時的每一個走位、動作、手勢、面部表情，所以他經營事業時，會去想像每一階段如何發展演變，然後就跟他當年跳舞一樣，一步步的讓心中的意象具體實現。

同樣是跨度很大的人生轉折，但時總和我的同學曾自然的故事，彼此之間還是有一些本質上的差異，我覺得時總的故事給了我另外幾個不同的啟示：

❶ **不要滿足於現狀。**

「困於心、衡於慮、而後作」，對現狀不滿其實可以是具備正面意義的。**生活、工作的瓶頸，職涯、事業發展的侷限，往往也是新的可能性、新的機會的起點。**

❷ **了解自己的核心能力，並試著在不同的事業間找出可延展自己核心能力的共性。**

時總在投身展覽事業時，充分利用了他作為舞蹈家的兩大能力：一是內心構建意象，二是駕馭大量具備時間序列特性的細節。透過這兩大能力，一步步實現他對展覽事業的想像和願景。

❸ **表面上跨度很大的事業，其實是有關連性的。**

時總早年學習舞蹈、財務，對於後來他進入展覽，都起了很大的幫助。中途跑去人家公司上班當業務，那家公司做的是展覽，也是後來他自立門戶所從事的事業，表面上看起來很跳躍，其實背後都是有軌跡脈絡可循的，這也是時總跟一般「一年換二十四個頭家」，頻頻換工作、換行業，沒有長期累積自己的事業資本的人，最大的不同。

最後分享一個發生在我身上的故事。

每個專業領域都有神乎其技

大約十五年前吧！那時候我還在台中上班，有一天早上起床，發現右腳腳背莫名的腫脹疼痛，連站都站不起來。

勉強到了公司，實在撐不下去了，同事攙扶我去國術館，看跌打損傷，師傅看了我的腳，皺起眉頭，「你沒有扭傷啊！」他說。

由於實在看不出什麼端倪，最後師傅乾脆幫我放血包紮了事。未見改善。

我心裡開始擔心，我會不會一輩子不能走路了呢？

下午請了假，去中國醫藥大學附設醫院掛號看醫生。

等了好一會，終於輪到我。我走進診療間，醫生大概五十多歲年紀，頭髮有一點灰白，留著柳葉敏郎的髮型，兩眼炯炯有神，看到我一跛一跛地進來，他問我怎麼回事？

我指著我的腳背跟他說：「我腳在痛！」

「你痛風啦！」他頭也不抬，已經開始刷刷刷地拿著筆寫起了診斷書。

我不太服氣，開什麼玩笑！我連一句話都還沒說完，你怎麼就開始下斷語了？

「不是，我那個……」我接著說。

「你就痛風啦！」醫生不耐煩地說。

後來，他說的沒錯，我真的是痛風。

「真是了不起啊！」多年以後，回想起來，我還是覺得非常不可思議。

由於受到很大的震撼，我還特地上網查了那個醫生的來歷。

他是醫院那一科的主任，哈佛大學醫學博士。

我告訴自己，總有一天，我也要在我的領域裡，達到這種神乎其技的境界。

十幾年過去，前陣子，有一個業主的網站，某個關鍵字突然搜尋排名不見了，他們內部做了很多研究，也問了很多人，都找不到原因，最後找到我們公司，於是我陪著同事去跟這個業主聊聊。

業主跟我同事大致說了情況，正要開始深入聊，我開了筆電，把畫面轉給他們看。

「你被搜尋引擎處罰了。」我說。

「但是……」業主正打算繼續說下去。

「你就被搜尋引擎處罰了。」我又說了一次。

於是，他們把網站交給我們處理。

然後，上上個禮拜，排名回復了。

我自身的經驗是：

❶ 任何人都可以在彼此的領域裡，追求神乎其技的境界。

❷ 我們可以透過長期努力不懈接近神乎其技的境界，事實上，我們必須透過長期努力不懈接近神乎其技。

❸「追求極致」是一種態度，同時也是一種可以複製的處事方式。

你能在某個領域做到神乎其技，或者接近神乎其技的境界，往往在另一個延伸的、相關的領域，你也可以做得很好。

反之，平庸也是可以複製的，一個在自己的工作、專業領域上習慣得過且過、因循苟且的人，換到其它領域，往往也不會有好的下場。

在上文中，我分享了身邊的幾個故事，包括我的同學曾自然、我的

客戶時總，以及我自己，希望透過我們的故事，能讓你感受到人生真的是有無限可能的。也因為人生有無限可能，我們才能免於原地踏步，才有機會日新又新，才能在不斷地增益自己、提升自己，並在改變的過程中，遇見更美好的自己。所以，請不要輕易地跟你的生活、現狀妥協，用心去探索自己人生的無限可能吧！既然稱之為「人生的無限可能」，那就代表著沒有固定的套路可以依循。雖然招無定勢，但基本的原則和思路是有的，期待本文的整理，能夠為你帶來幫助。

課後練習

要相信人生是有無限可能的，並且去探索它。

持續努力。

保持樂觀。

不要滿足於現狀，安逸時常與平庸畫上等號。

找出自己的核心能力，在事業交替間反覆運用它、淬鍊它。

積累自己的能力、經驗、事業成就。

在自己所處的領域裡，以神乎其技為目標。

可以、也必須透過持續不懈的努力來追求神乎其技。

無論身處何種領域，莫忘「追求極致」，追求極致是一個你可以帶著走的，可複製的，探索人生無限可能的利器。

lesson 20

第二十課

“真誠”

sincere

用對自己的真誠
面對全世界的質疑

我身高186.5公分，四捨五入187公分，不能再高了。

長得高的困擾之一，就是年輕的時候，人家一見你就問：「你有打籃球吧？」

其實在上大學之前，很少有機會打籃球，再加上我對棒球更有興趣，所以也沒放多少心思在籃球上。

大學時，跟著系上同學開始打籃球，打的也不怎麼樣，因為開始打籃球，再加上漫畫的影響（沒錯，就是當時還在連載的《灌籃高手》），我的內心深處，開始有了個小小的夢想：「我想扣籃看看。」

我彈性算普通，搭配上身高，抓框是沒問題的。情況好的時候，整個手掌還可以超過籃框，照理說，扣籃不是太遙遠的事，但我本身有一個大問題：我的手掌太小了。

我沒有辦法像NBA球員一樣，一手把籃球抓起來高來高去，所以只能用上籃的方式把球托住，不然球會整個飛掉。可是，讀到這段文字的你，或許也可以自己嘗試看看，這樣根本跳不起來，歷經了很多次失敗以後，我得到了一個偉大的科學發現：「就扣籃這件事來說，你能不能單手抓球，甚至比你能跳多高來得重要。」

我帶著沉重的宿命感，埋葬了自己的夢想。

只要認真持續的做，夢想既不遙遠也不孤單

後來我去當兵，經過兩年嚴格的鍛鍊，把體能培養的很好。在退伍前一個禮拜，我獨自在據點附近的籃球場打球，打著打著，我忽然發現我可以跳得比學生時代更高了！在那個當下，我心裡小小的希望忽然又燃起了：「搞不好現在的我可以扣籃。」

於是，起跳，失敗；撿球，再起跳，再失敗；再撿球……在退伍前一個禮拜，我穿着短褲和陸軍草綠色內衣，一個人在籃球場不斷重複地幹著傻事。

那是退伍前三天，下午天氣很好，陽光照耀著籃球場，天邊有幾抹微雲，我忽然有種奇妙的感覺，類似靈感那樣的東西，我再次蹬腳、起跳，在我還沒意識到發生什麼事的時候，籃球「碰」的一聲砸進了籃框裡面。

刻。

然後我呆立在籃球場上，發現到，沒有人見證到我人生中光榮的一

有一就有二，接下來我又扣了幾次籃，好好體會扣籃是什麼感覺，把這樣的感覺留在生命的記憶中，我知道，這可能是我人生中，唯一能體驗扣籃的一天。

後來證明我猜想的沒錯，接著我退伍了，進職場工作，每天忙裡忙外，缺乏運動，日復一日，年復一年，變得腦滿腸肥，青春的熱血逐漸離我遠去，那一個遙遠的下午，也變成了一個模糊的、不真實的夢。

但我確定它真的發生過，因為手腕掛進籃框的疼痛感還在，因為進籃的聲響還在耳邊迴盪，因為那陽光，那藍天白雲，還在視線的遠方。

我有兩件事想跟你分享，第一件事就是：「如果你有一個遙不可及的夢想，那你唯一實現它的方式，就是讓你的能力遠遠超過那個夢想。」

第二件事就是：「人生的光榮時刻，通常都沒有見證人，你不需要沮喪，更不用在意別人的質疑，因為，他們沒有那樣的幸運，參與你的夢想。」

理解我們與惡的距離，勇敢接受與眾不同的自我邏輯

跟你分享另一個故事。

去年，二〇一九年，我半年內跑了四次法院。

說說整個事情的來龍去脈。

我有一個幾年前在台北SEO課程教過的學生，後來因為家裡的關係，回到高雄故鄉上班。他上班的公司是做手機螢幕保護貼的，他的工作是負責公司網站的管理和網路行銷。

有一回，他們的網站因為一些技術上的問題，導致整個搜尋排名不見了，流量也大幅下滑。我的學生很著急，來詢問我怎麼辦，為了幫他診斷問題，我請他分享Google Analytics(GA)給我，後來我也順利幫他找出問題並加以解決了。

我沒有收他們公司半毛錢。

後來，這家公司的老闆，為了降低人事成本，叫我學生去當業務，這不是我學生的專長和志向所在，所以我學生當然不肯，最後兩邊鬧僵了。有一天早上，我學生去上班，這家公司突然不讓我學生進辦公室了，講白話就是讓他走路的意思，由於沒有付資遣費，等於是惡意解雇，我學生跑去跟勞工局申訴，經過仲裁以後，公司最後勉強同意補發了一些錢。

本來這件事情到此為止，怎料這家公司的老闆心有不甘，為了給我學生好看，竟然跑去告我學生，說我學生離職時刪除了公司重要的資料，然後因為他曾經分享GA給我，所以連我也告上了，罪名是違反營業秘密。

沒錯，我曾經因為與我學生的情誼，義務幫助過這家公司，幫他們把網站搜尋排名和流量救回來。從任何角度看，我給他們的幫忙不可謂不小，然而我不但沒有因此得到任何感謝，反而因為我曾經給他們的幫忙，讓我吃上了官司。

年輕的時候看「中山狼」的故事，沒有特別感覺，就只當作是個寓言，等到這樣的事情真的發生在自己身上時，才深深體會到，原來人性可以卑劣醜惡到什麼程度。

我倒不是怕有什麼事，因為我很清楚我什麼都沒做，問心無愧，比起官司本身，更讓我心寒的反而是人性。

然後我為了這個官司，前後跑了四趟高雄，每次遇到出庭，我一整天的工作完全停擺，火車加高鐵加計程車，舟車往返，身心俱疲，折騰了半天，只是為了在法庭上跟檢察官當面解釋什麼是GA，以及它跟這家公司老闆口中所謂的「營業祕密」沒有任何關係。

我當然也遇到過這家公司的老闆和出庭律師，我甚至曾經當面跟他們說：「你們明明知道，你們和我學生彼此之間的糾紛跟我一點關係也沒有，為什麼要還把我扯進來？」

他們自己心裡也清楚，但就是不肯鬆手。

第四次出庭時，檢察官問完話，然後口頭跟幾個當事人約定下次開庭時間，我終於忍不住了。我跟檢察官說：「這件事本來就跟我沒有關係，為了每次來讓你問幾分鐘話，我大老遠台鐵加高鐵加計程車趕過來，當天什麼事情都不用做了，然後這樣前前後後折騰了四次，就為了回答一樣的問題。我跟庭上建議，如果後續對方沒有再提出什麼特別的證據，是不是不要再傳我了？」

檢察官尷尬地笑了笑，然後說：「不然之後如果沒有特別的事，我就不傳你出庭了。」

後來檢察官果然再也沒有傳我出庭，又過了一陣子，我收到法院通知：「不起訴。」

看過《少年pi的奇幻漂流》嗎?故事裡的主人公(少年pi)因為特殊的生長環境的關係,同時信仰基督教、回教、印度教,他從小看到的世界,善與惡、光明與黑暗、聖潔與污穢、崇高與墮落並存,充滿著衝突與矛盾,卻又無比真實。

我們往往透過信仰來解釋我們所看到、所經歷的事物。信仰有可能是宗教,或者任何形式的東西,透過信仰,我們對生命的悲歡離合找到合理的解釋,為生活的窘迫找到安慰,為人生的困頓找到出口。我們因為相信某些真理,我們因為堅持某些原則,我們因為懷抱某些價值,所以我們能夠在歷經種種挫折苦難之際還能鼓起勇氣繼續走下去。

但信仰是會面臨試煉,信仰是會讓人產生質疑,信仰是有可能崩壞的。

特別是當一個人遭遇重大的人生挫折與變故，比如說，像我明明是在幫助人，卻遭遇對方最卑劣殘忍的對待，諸如此類的事情。當一個人發現自己既有的信仰體系不足以解釋他遭遇的問題與苦難的時候，其整個人的價值觀是有可能在一夕之間完全崩潰的。

我們該如何自處？

你必須理解，**信仰其實是種選擇，這世界原來就存在不同的價值和觀點，你選擇相信的和別人選擇相信的，本來就很可能有極大的不同。**

你必須理解，信仰也是一種破壞和重新建構的過程，在生命的遇合中，你選擇放棄、遺忘某些東西，同時選擇擁抱接受某些新的事物，甚或，你也可能選擇重新撿拾回一些在生命中曾經丟失的東西，但無論如何破壞與建構，最後選擇信仰什麼價值的，終歸是我們自己。

我們理解世界存在著黑暗，我們理解這個世界其實到處充滿惡意，但我們選擇光明，我們選擇良善，只是因為，相信美好，我們才能繼續走下去。

少年pi的故事，其實有兩個版本，一個版本充滿奇幻，另一個版本（或許是比較接近真實情況的版本）極其殘忍。我們選擇相信奇幻的版本，不代表我們否定黑暗的版本不存在，我們其實知道它一直都在那裡，只是我們選擇相信光明的版本。

尊重多元論述觀點，勇敢堅持自我價值

在這本書的最終章，我想跟你分享的主題是「真誠」。

經過這些年來的歷練，我個人體會到，真誠是具有多重意義的。

除了一般意義的真心待人接物外，在本篇一開始，我談到我練習扣籃的過程，透過這個故事，我想跟你分享，我所理解的，關於真誠的第一重意義是勇敢地面對自己的夢想與不足，第二重意義是真誠地為自己活，不要為了別人的眼光評價而活，更不要為了別人的質疑而活。

透過我莫名其妙吃上官司的故事，我想跟你分享，我所理解的，關於真誠的第三重意義，作為人，我們都有自己的軟弱、怯懦與墮落，我們都不完美，我們所處的世界，其實也充斥滿滿的惡意與人性黑暗面，我們必須真誠地理解到惡的存在，不論惡是來自於我們本身還是周遭的世界，然後，我們選擇善良。

在二十幾年前，有一位我很敬佩的師長曾經這麼跟我說：

「啓佑，你是個很有洞察力（Insight）的人。」

「你未來會遇到很多反對你的人，你要做的是不斷地充實自己、提升自己、讓自己變強，然後勇敢面對各種來臨的挑戰。」

這位師長告訴我的話，字面上的意思，我當下就聽懂了，然而我卻花了二十年，用我的方式去理解他告訴我些話背後的含意。

真誠不僅僅是待人處世上對人真心以對，也不僅僅是真正了解自己、面對自己這樣的層次，更不僅僅是肯定自己，不因旁人的質疑與言語而動搖。我對真誠最新的理解是，這世界存在多元價值、存在善與惡、存在光明與黑暗，我們在生命中會有許多認同我們、支持我們的人，當然也會有許多反對我們、極力想傷害、置我們於死地的人，你必須真誠地理解這就是人生的真相，然後不論你的價值觀在人生波瀾中如何破壞重建，你都必須堅持選擇成為一個善良的人。

「世界上真的有不會失去的東西嗎？我相信有，最好你也相信。」

——村上春樹《1973 年的彈珠玩具》

課後練習

人生重要的核心態度是對自己真誠，真誠地面對自己的夢想，真誠地面對自己的不足，真誠地丈量自己與夢想的距離，如果它是一個遙不可及的夢想，就設法讓自己的能力遠遠超過那個夢想。

對自己真誠，無論好壞，才能活得像自己，無論是否得到掌聲與肯定，人生最終是對自己交代，人不要騙自己。

理解到世界上存在不同信仰，面對反對和質疑，最重要的不是爭辯，而是讓自己變得更強大，然後選擇善良的道路。

課後練習

人生演算法

跨越家世智商命運限制，實現富足自由理想生活，一輩子必修的20堂關鍵字課

作者連啓佑**美術設計暨封面設計**RabbitsDesign**行銷企劃經理**呂妙君**行銷專員**許立心

總編輯林開富**社長**李淑霞PCH**生活旅遊事業總經理**李淑霞**發行人**何飛鵬 **出版公司**墨刻出版股份有限公司 **地址**台北市民生東路2段141號9樓 **電話** 886-2-25007008 **傳真**886-2-25007796 EMAIL mook_service@cph.com.tw **網址** www.mook.com.tw **發行公司**英屬蓋曼群島商家庭傳媒股份有限公司城邦分公司 **城邦讀書花園** www.cite.com.tw **劃撥**19863813 **戶名**書蟲股份有限公司 **香港發行所**城邦（香港）出版集團有限公司 **地址**香港灣仔洛克道193號東超商業中心1樓 **電話**852-2508-6231 **傳真**852-2578-9337 **經銷商**聯合股份有限公司（電話：886-2-29178022）金世盟實業股份有限公司 **製版印刷** 漾格科技股份有限公司 **城邦書號**KG4012 ISBN978-986-289-534-4 **定價**380元 **出版日期**2020年10月**初版**

國家圖書館出版品預行編目(CIP)資料

人生演算法：跨越家世智商命運限制,實現富足自由理想生活,一輩子必修的20堂關鍵字課 / 連啓佑著. -- 初版. -- 臺北市：墨刻出版：家庭傳媒城邦分公司發行, 2020.10

面； 公分

ISBN 978-986-289-534-4(平裝)

1.職場成功法 2.自我實現

494.35　　　　109014387